普通高等院校规划教材

SHUJI ZHUANGZHEN

SHEJI YU SHIXUN

书籍装帧设计与实训

韩 琦◎编著

U0284493

西南交通大学出版社

·成都·

图书在版编目（ＣＩＰ）数据

书籍装帧设计与实训／韩琦编著. —成都：西南
交通大学出版社，2015.5（2018.1重印）
普通高等院校规划教材
ISBN 978-7-5643-3866-4

Ⅰ.①书… Ⅱ.①韩… Ⅲ.①书籍装帧－设计－高等
学校－教材 Ⅳ.①TS881

中国版本图书馆 CIP 数据核字（2015）第 088609 号

普通高等院校规划教材
书籍装帧设计与实训
韩琦 编著

责 任 编 辑	吴 迪
封 面 设 计	墨创文化
出 版 发 行	西南交通大学出版社 （四川省成都市二环路北一段 111 号 西南交通大学创新大厦 21 楼）
发 行 部 电 话	028-87600564　028-87600533
邮 政 编 码	610031
网　　　址	http://www.xnjdcbs.com
印　　　刷	成都勤德印务有限公司
成 品 尺 寸	185 mm × 260 mm
印　　　张	7
字　　　数	167 千
版　　　次	2015 年 5 月第 1 版
印　　　次	2018 年 1 月第 3 次
书　　　号	ISBN 978-7-5643-3866-4
定　　　价	28.00 元

前 言

    书籍是一种记载人类思想、情感及叙述人类文明历史进程的载体。没有书籍装帧的书严格意义上不能称之为书。书籍装帧是现代设计基础的重要组成部分，亦是视觉传达设计专业的一门必修专业课程。只有掌握好书籍装帧知识与应用技能，才能为将来从事广告和艺术设计行业的工作打下良好的基础。

    本人长期承担"书籍设计"课程的教学工作，在教学中发现虽然有关书籍装帧方面的教材很多，但是使用起来却总感觉不是很适用。大多教材都着重介绍理论知识，对训练学生的实践能力帮助不大。而实践能力、动手能力正是现在学生所欠缺的。在编写之前，本人研究了本校和其他一些高校的教学大纲，发现大纲要求增加实训课时，以提高学生的应用技能。因此，为视觉传达专业学生编写一本适用的教材就变得尤为必要。于是，我研读了国内外部分优秀的教材，经过一段时间的努力，终于编著完成了《书籍装帧设计与实训》这本基础性教材。本教材高度浓缩了有关书籍装帧的专业基础知识，强调将书籍装帧设计制作的基础理论教学与实践应用相融合，注重启迪开发学生设计思维的创造性，注重训练和培养学生的动手能力，力求使学生掌握相关的知识与技能。

    《书籍装帧设计与实训》一书，从酝酿到编著再到定稿经历了一个漫长的过程。是否符合当今教学的需要，还需要在今后的使用中得到读者的反馈。

    本书在编写的过程中，本着为教学作参考的目的引用了国内外专家、学者的大量研究成果，在此表示衷心的感谢。由于编者的能力有限，书中或有不当、不准确的地方，请专家、业界同行赐教。

编 者

2015 年 2 月

目 录

第一章 书籍装帧基础

第一节 书籍装帧设计概念

实训目的：掌握书籍装帧设计有关的基本概念。
实训内容：掌握几个概念，能区分书籍装帧设计与书籍装帧艺术的不同。
实训课时：2 课时。
实训作业：阅读有关书籍装帧设计方面的论著。

一、书 籍

书籍是用文字、图片和符号，在一定材料上记录知识、表达思想情感并制作成卷册的著作物，是人类传播思想、传播知识和积累文化的重要手段。随着现代科学技术的逐步发展，录音、录像磁带、各种光盘、网络技术的推广应用，赋予了书籍更丰富的形式和更广泛的内容。

二、书籍装帧

从书籍装帧总体含义上来说，没有装帧就不存在书籍，每一本书都离不开装帧。书籍装帧的另一层含义是装饰美化书籍、保护书籍，使书能牢固从而延续后世（图 1-1）。

图 1-1 《曹雪芹风筝艺术》 2006 年度"世界最美的书"金奖（赵健工作室设计）

很多人往往认为装帧就是"装订"，也有人将封面设计和装帧设计混为一谈，装订、封面设计其实都只是装帧中的一部分，并不能代表全部。"书籍装帧"是由"书籍"和"装帧"两个词构成的一个专有名词。"装帧"一词，英文是 binding and layout，是指构成书籍的必要物质材料和全部施工流程的总和。有了装帧设计才有了书籍的形态，于是也就有了"书籍装帧"这个名词。因此，我们把书籍所需要的必要材料与各项工艺流程的总和称为书籍装帧（图 1-2）。那么如何使互不相关的各项物质材料和各项工艺有次序地、合理地实施，这就必须事先提出方案和图纸，进行策划和构思，这个工作过程就是"装帧设计"。有了合理可行的设计方案，才能有效地指导整个书籍装帧活动的顺利实施，达到预期的目的。因此，书籍装帧设计是书籍装帧活动的重要组成部分。

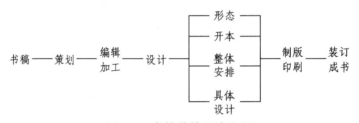

图 1-2　书籍装帧设计流程

书籍装帧设计的基本概念是在书籍出版之前，预先制订装帧的整体和局部、材料与工艺、思想与艺术、外表与内涵诸因素的全套方案，使开本、封面、护封、书脊、环衬、扉页、插图、字体、印刷、装订、编排等，构成一个和谐的整体。因此，封面、护封设计，插图创作，版面编排都仅仅是书籍装帧设计工序中的一环，并不是全部。

三、书籍装帧艺术

装帧设计方案和图纸，不能称之为装帧艺术，只有当方案和图纸上的设想通过广大印刷装订工人的生产活动，形成了装帧实体——书籍，这种体现书籍装帧设计者以情感和想象为特性的创意表达，并且把握、反映书稿内容的特殊方式，才能称之为书籍装帧艺术。我国著名的书籍设计大师吕敬人说："书籍设计最重要的是促成有趣的阅读。"书籍装帧的任务，除了达到保证阅读的目的，还要赋予书籍美的形态，给读者美的享受，书籍装帧艺术便从中诞生了（图 1-3）。

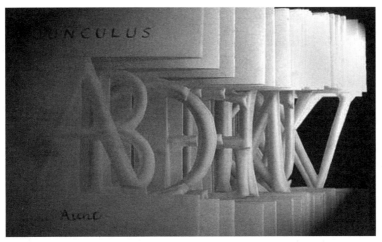

图 1-3　书籍装帧艺术形式美

第二节　书籍装帧设计的起源和演进

实训目的：了解中外书籍装帧形态的演变历程。

实训内容：书籍的起源、中外书籍装帧形式的演变。

实训课时：2 课时。

实训作业：（1）叙述 10 种古今中外的非纸质书。

　　　　　（2）写一篇小短文，简述中国书籍装帧设计的演进过程。

　　书籍装帧设计，以前很少有人论及这个概念。现在，随着出版业的发展和出版市场的逐步开放，以及从事专业书装设计的团体及个人的不断涌现，书籍装帧设计已为世人所认知，并且对出版业的发展发挥着重要的作用。将书籍装帧设计作为一门独立的艺术学科来学习和研究，也被提了出来，并得到了大家的认可。这一举措，经事实证明，的确为社会文明及文化产业的发展提供了有力保障。从书籍装帧设计的发展观来讲，若想系统地了解书籍装帧设计，我们有必要先了解一下它的发展史。

一、书籍的起源

　　书是文字的载体，谈起书就不得不谈到文字。文字是书籍的第一要素，有了文字才有书籍的雏形。在我国，距今有五六千年历史的西安半坡遗址出土的陶器上，就有简单的刻画符号。据学者推断，这可能是中国最原始的文字，也是中国书籍发展史上人类迈出的第一步。公元前 11 ~ 16 世纪的商代，就已出现了较为成熟的文字——甲骨文（图 1-4）。甲骨文字的排列，直行由上到下，横行则从右至左或从左到右，已颇具篇章布局之美。中国自商代起从甲骨刻字，到造纸术与印刷术发明之前的原始装帧艺术，在形式上都以自然界的物质材料作为载体，如在石头、甲壳、兽骨、青铜器皿、陶瓷、木板、树叶、砖瓦上刻写文字，成为当时的"书籍"。

二、中国书籍装帧形式的历史沿革

1. 简策版牍

中国书籍形式是从简策版牍开始的。把竹子加工成统一规格的竹片，再放置火上烘烤，蒸发竹片中的水分，防止日久虫蛀和变形，然后在竹片上书写文字，单独的竹木片叫作"简"，若干简以革绳相连就叫作"策"（亦写作"册"），这是现在称 1 本书为 1 册书的

图 1-4　中国古代甲骨刻辞

起源（图 1-5）。汉代的简，书写已经十分规范了，先有两根空白的简，称为赘简，目的是保护里边的简，相当于现在的护页，然后是篇名、作者、正文。一部书若有许多策，常用布或帛包起，或用口袋装盛，叫作"囊"，相当于现在的书盒。这种装订方法，成为早期书籍装帧比较完整的形态，已经具备了现代书籍装帧的基本形式。另外，还有木牍的使用，方式方法同竹简。牍，则是用于书写文字的木片，与竹简不同的是木牍以片为单位，一般着字不多，多用于书信（图 1-6）。

图 1- 5　竹简

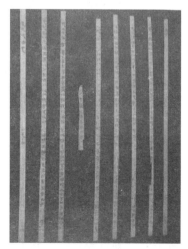

图 1-6　版牍

2. 卷轴装

由于简策木牍分量重，占地多且不易携带，于是在春秋时期，出现了在丝织品上写书。丝织品当时有帛、素。帛书的左端包一根细木棒作轴，从左向右卷起，成为一束，便为卷轴。卷口用签条标上书名。东汉以后，随着造纸术的发明，文字的依附材料渐为纸张所代替。纸书最初形式仍是沿袭帛书的卷轴装。轴通常是一根有漆的细木棒，一些帝王贵族也会采用珍贵的材料做轴，如象牙、紫檀、玉、珊瑚等。卷的左端卷入轴内，右端在卷外，前面装裱有一段纸或丝绸，叫作镖。镖头再系上各种颜色的丝带，用来缚扎。从装帧形式上看，卷轴装主要从卷、轴、镖、带四个部分进行装饰。"玉轴牙签，绢锦飘带"是对当时卷轴装的生动描绘。卷轴装的纸本书从东汉一直沿用到宋初。卷轴装书籍形式的应用，使文字与版式更加规范化，行列有序。与简策相比，卷轴装舒展自如，可以根据文字的多少随时裁取，更加方便，一纸写完可以加纸续写，也可把几张纸黏在一起，称为一卷。后来人们把一篇完整的文稿称作一卷。隋唐以后中西方正是盛行宗教的时期，卷轴装除了记载传统经典史记等内容以外，就是众多的宗教经文，中国多以佛经为主，西方也有卷轴装的形式，多以《圣经》为主。卷轴装书籍形式发展到今天已不被采用，但在中国书画装裱中仍还在应用（图1-7）。

图 1-7　卷轴装

3. 经折装

经折装又称折子装，出现在 9 世纪中叶以后的唐代晚期。经折装是在卷轴装的形式的基础上改造而来的。随着社会发展和人们对阅读书籍的需求增多，卷轴装的许多弊端逐步暴露出来。例如，要查阅中间某一段，必须从头打开，看完后还要再卷起，十分麻烦。经折装的出现大大方便了阅读，也便于取放。具体做法是：将一幅长卷沿着文字版面的间隔中间，一反一正地折叠起来，形成长方形的一叠，在首尾两页上分别粘贴硬纸板或木板，有时再裱上织物或色纸，作为封面。它的装帧形式与卷轴装已经有很大的区别，形状和今天的书籍非常相似。在书画、碑帖等装裱方面一直沿用到今天（图1-8）。

图 1-8　经折装

4. 旋风装

旋风装是在经折装的基础上改造而来的。虽然经折装的出现改善了卷轴装的不利因素，但是长期翻阅会使折口断开，使书籍难以长久保存和使用。所以人们以一幅比书页略宽略厚的长条纸作底，把书页按照先后顺序，依次相错地粘贴在整张底纸上，类似房顶贴瓦片的样子。这样翻阅每一页都很方便。但是它仍然保留了卷轴装的外形，收藏时需要从首向尾卷起（图 1-9）。

图 1-9　旋风装

5. 蝴蝶装

唐、五代时期，因为雕版印刷的发明、盛行，书籍形式发生了很大的变化，书籍从卷轴形式转变到了册页形式。册页是现代书籍的主要形式，而蝴蝶装就是册页的最初形式。蝴蝶装就是将印有文字的书页，以版心中缝线为轴心，字对字地折叠。再以中缝为准，把所有页码对齐，用糨糊粘贴在另一包背纸上，然后裁齐成书。叶德辉在《书林清话》中说："蝴蝶装者，不用线订，但以糊粘书背，以坚硬封面，以版心向内，单口向外，揭之若蝴蝶翼。"故称"蝴蝶装"。因蝴蝶装的书页是单页，翻阅时，易产生无字的背面向人，有字的正面朝里的现象，阅读不方便是蝴蝶装的缺点。蝴蝶装只用糨糊粘贴，不用线，却很牢固。可见，古人对书籍装订的选材和方法上善于学习前人经验，积极探索改进，积累了丰富的经验。今天，我们更应该以发展的眼光，思考未来书籍装帧的发展，学习前人的经验，改善和创造现代的形式（图 1-10）。

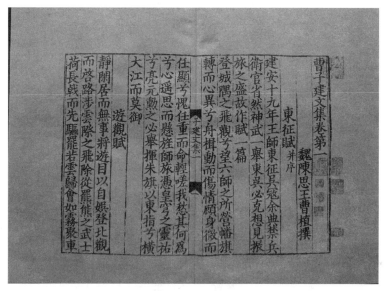

图 1-10　蝴蝶装

6. 包背装

社会是发展的，事物是进步的，书籍装帧势必要跟随社会发展的脚步不断改革创新才行。虽然蝴蝶装有很多方便之处，但也有不完善之处。因为文字面朝内，每翻阅两页的同时必须翻动两页空白页。张铿夫在《中国书装源流》中说："盖以蝴蝶装式虽美，而缀页如线，若翻动太多终有脱落之虞。包背装则贯穿成册，牢固多矣。"因此，到了元代，包背装取代了蝴蝶装。包背装装帧的形式是将书页正折，版心向外，书页左右两边朝向书脊订口处，集数页为叠，排好顺序，以版口处为基准用纸捻穿订固定，天头、地脚、订口处裁齐，形成书背。外粘裱一张比书页略宽略硬的纸作为封面、封底。此装帧形式缘自包裹书背，所以称其为包背装。包背装的书籍出现在南宋后期。元、明、清也多用此形式。如明代的《永乐大典》、清代的《四库全书》等。包背装的书籍除了文字页是单面印刷，且又每两页书口处是相连的以外，其他特征均与今天的书籍相似（图 1-11）。

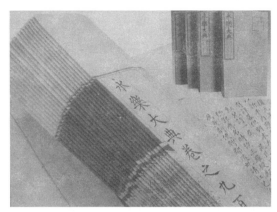

图 1-11　包背装

7. 线装书

线装是古代书籍装帧的最后一种形式。装帧形式与包背装近似。书籍内页的装帧方法一样，区别之处在护封，是两张纸分别贴在封面和封底上，不包书脊，锁线外露。锁线分为四、六、八针订法。讲究的还在书籍的书脊两角处包上绫锦，称为"包角"。线装书既便于翻阅，又不易散破。线装是中国传统的装订技术史上最为进步的形式，具有典雅的中国民族风格的装帧特征。线装书的出现，形成了我国特有的装帧艺术形式，具有极强的民族风格，至今在国际上享有很高的声誉，是"中国书"的象征。

线装书的封面及封底多用瓷青纸、粟壳色纸或织物等材料。封面左边有白色签条，上题有书名并加盖朱红印章，右边订口处以清水丝线缝缀。版面天头大于地脚两倍，并分行、界、栏、牌。行分单双，界为文字分行，栏即有黑红之分的乌丝栏及朱丝栏，牌为记刊行人及年月地址等，并且大多书籍配有插画，版式有双页插图、单页插图、左图右文、上图下文或文图互插等形式。我国古籍书墨香纸润，版式疏朗，字大悦目，素雅和端正，而不刻意追求华丽，是我国线装书的特征。字体有颜、柳、欧、赵诸家，讲究总体和谐而富有文化书卷之气（图 1-12）。

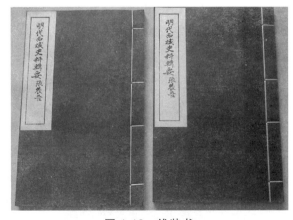

图 1-12　线装书

另外还有流行于唐、五代时期的梵夹装（仿印度贝叶经的装帧形式，今天藏文佛经书仍用）和宋明以后的毛装（草装，粗糙、随便装订），因不具独特的装帧形式，故不再作细说。

中国书籍装帧的起源和演进过程，至今已有两千多年的历史。在长期的演进过程中逐步形成了古朴、简洁、典雅、实用的东方特有的形式，在世界书籍装帧设计史上占有着重要的地位。在当今这个现代化潮流涌动的时代，每个出版人及书籍装帧设计师都面临着现代与传统的融合及冲突的问题，故步自封绝不可取，但丢弃泱泱五千年中华文明亦不可取。所以，研究书籍装帧设计历史的演变，总结前人经验，在此基础上摄入现代气息，是时不我待的事。

三、中国近代书籍的发展

19 世纪末，由于受到西方先进的印刷技术的影响，我国书籍装帧逐渐脱离了传统的线装形式而趋向于现代的铅印平装本。"五四"运动前后，新文化运动时期，书籍设计艺术进入一个新局面。这一时期，书籍设计艺术领域人才辈出，呈现着百家争鸣、勃勃日蒸的态势。鲁迅先生是我国现代书籍设计艺术的开拓者和倡导者，他特别重视对国外和国内传统装帧艺术的研究，还自己动手，设计了数十种书刊封面（图 1-13）。在他的积极倡导下，涌现出一大批学贯中西、极富文化素养的书籍设计艺术家。这些人中首推陶元庆。陶元庆早年留学日本，精于国画，其封面作品构图新颖，色彩明快，颇具形式美感（图 1-14）。还有钱君陶、丰子恺、叶灵凤等（图 1-15）。在他们的共同努力下，中国的装帧艺术开创了一个新时代。

图 1-13 《呐喊》封面　　　图 1-14 《故乡》封面　　　图 1-15 《欧洲大战与文学》封面
　　鲁迅设计　　　　　　　陶元庆设计　　　　　　　　钱君陶设计

四、世界书籍文化

1. 古代的书籍

人类最早的文字是由美索不达米亚的苏美尔人和闪米人（又称腓尼基人）创造的楔形文字（公元4000年，由22个拼音字母组成）。公元前3000年，埃及人发明了象形文字，是用修建过的芦苇笔写在尼罗河流域湿地生产的纸莎草纸上，呈卷轴形态（图1-16）。蜡版书是罗马人发明的，是在书本大小的木板中间，开出一块长方形的宽槽，在槽内填上黄黑色的蜡做成的。在木板的一侧，上下各有一个小孔，通过小孔，穿线将多块小木板系牢，就形成了书的形式。为了怕磨损字迹，蜡版书的最前和最后一块木板不填充蜡，功能近似今天的封面和封底。

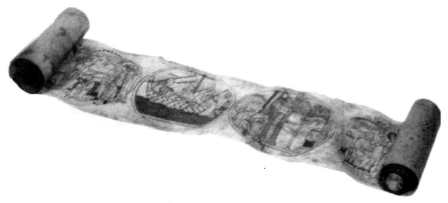

图1-16　纸莎草纸书

2. 册籍的诞生

小亚细亚的帕加马国发明了羊皮纸，它比纸莎草纸要薄而且结实得多，能够折叠，并可两面记载，采取一种册籍的形式，与今天的书很相似。公元3～4世纪时，册籍形式的书得到普及，册籍翻阅起来比卷轴容易，可以很好地进行查阅，收藏和携带也更为方便。

3. 书的开始

纪元初年的欧洲是一个由口头文化支配的世界，修道院成为书面文化和拉丁文化的聚集地。僧侣们传抄的作品多为宗教文学，如《圣经》、祈祷书、福音书等礼拜经文等。8世纪时，才出现了关于世俗作品的书籍。

在这一时期，鹅毛笔代替先前的芦苇笔成为新的书写工具。手抄本中有大量丰富的插图，可以略分为三种类别：一是花饰首写字母，二是围绕文本的框饰，三是单幅的插图。插图装饰着书籍，也起到划分版面结构和传达信息的作用。绘画风格受拜占庭帝国一种细密工笔画的影响，精细而华丽。为了表达对宗教的虔敬，金色在插图中被经常使用。这些个性鲜明的书籍语言使中世纪手抄本散发出独特的艺术魅力。对一张羊皮的折法决定了书籍的开本，对开是一折两页，四开是两折四页，八开是三折八页等。与此同时，书籍装帧艺术也得到发展。书籍封面起着保护、装饰的作用，材料多用皮革，有时配以金属的角铁，搭扣使之更加坚固。黄金、象牙、宝石等贵重材料也常用来美化封面，并昭示着书籍所有者尊崇的社会地位。这使得西方很早就确立了坚实、华丽的"精装"书籍传统。

4. 古腾堡时期的书籍

古腾堡发明了金属活字版印刷术，这一技术深刻地改变了人类思想传播的历史。1454 年，由古腾堡印制的四十二本《圣经》（图 1-17）是第一本因其每页的行数而得名的印刷书籍，堪称活版印刷的里程碑。

图 1-17　四十二本《圣经》

此时从印刷所出来的书并没有最后完成，还要靠手工绘制上装饰首写字母、框饰、插图，并加注上标点符号。这时期，作者名、书名、印刷商、印刷时间和地点等信息，被标注在书的最后，还常配有印刷作坊的标志。书通常以单页的形式出售，任何人都可以根据自己的喜好把它们装订起来。

5. 文艺复兴时期的书籍

16 世纪，文艺复兴运动风行全欧洲。人文主义者与印刷商、出版商密切合作，积极开始对新图书的探索。在对古代文化巨著的研究中，他们发现了书抄本，便借鉴伽罗林王朝的手抄本中的字体并融合古代简介铭文的特征，创造了完美的罗马体铅字。印刷商阿尔多·马奴佐模仿人文主义者手稿中的草书，创造了优雅的斜体字。这些成就的取得使书籍不再只是古代作品的重版复制。

1486 年在美因茨印制的《圣地朝拜》是印刷史上第一本关于游记的书籍。作品中最早使用了插在书中的折叠版面，用于印刷地图或大城市的景色，这是在功能需要的前提下对书籍形态进行的探索。

随着凹凸版印刷和木制雕版技术的进步，书中出现了大量插图。以此为基础，自然科学书籍也相应获得很大的发展。

6. 现代书籍的发展

16 世纪至 17 世纪是欧洲多事纷乱的年代，但这个时期却是书籍不断发展与革新的时代，书籍的现代特征更加明显起来。不同开本出现，标题页变得越来越重要，内文扉页此时开始出现，内文版面开始出现创新编排的方式，插图数量增多，绘画风格开始朝着个性化发展，书籍装帧艺术的风格也在不断发生变化。18 世纪可以说是词典和百科全书的世纪，其创新的文本结构为所有人提供了便于阅读和理解人类知识整体的机会。

7. "书籍之美"的理念

作为独立的书籍设计艺术概念，创造"书籍之美"的意识始于 20 世纪初。其代表人物是英国的威廉·莫里斯。他领导了美国"工艺美术"运动，开创了"书籍之美"的理念。他主张艺术创作从自然中汲取营养，崇尚淳朴、浪漫的哥特艺术风格，受日本装饰风格的影响，他倡导艺术与手工艺相结合，强调艺术与生活相融合的设计概念，主张书籍的整体设计。其代表作品是《乔叟诗集》，莫里斯在书中采用了全新的字体，并设计了大量的纹饰，他引用中世纪手抄本的设计理念，将文字、插图、活字印刷、版面构成综合运用为一个整体。这本书是他所倡导的"书籍之美"理念的最好体现，被认为是书籍装帧史上杰出的作品（图 1-18）。

图 1-18 《乔叟诗集》的插图和版画

第三节 书籍装帧设计的定位

实训目的：使学生了解书籍装帧设计定位的重要性。

实训内容：价值定位、读者定位、设计风格定位。

实训课时：2 课时。

实训作业：对儿童版《十万个为什么》进行调研，针对其书籍设计的定位写一份调研报告。

书籍设计的定位是现代书籍设计的重要阶段，影响着书籍整体的设计效果。设计定位是否准确到位，直接关系书籍设计是否成功，定位是建立在综合分析书籍的消费市场和书籍内容这两大因素之上的，它是严谨而科学的。根据书籍的特点，书籍设计的定位需要考虑以下几个方面的因素：

一、价值定位

进行书籍设计之前，首先应该确定书籍的基本价格，即每本书销售价格的范围，要充分考虑书籍内容的价值、书籍的周期性特征、书籍所针对的读者群体，以及这些读者群体的购买能力等。

确定了书籍的价格，才能在价格的范围内选择适当的印刷材料，确定相应的印刷工艺。假如定位不准确或是事先不做考虑就随意进行设计，那么在设计完成之后就可能使书籍价格超出消费群体的购买能力，这样势必影响书籍的销售。

二、读者定位

如何通过设计来满足读者的需求，是设计师的工作。有的书籍针对性非常明确，如儿童读物、学术专著等，有的书籍则需要仔细分析才能把握其读者对象。比如儿童读者，书籍装帧设计应该要突出关注儿童阅读的特点，引发儿童的阅读兴趣。儿童读物的设计应该活泼、色彩鲜艳、卡通化、形象直观等，这样才能引起儿童的关注以及好奇。并且根据儿童的阅读水平特点，书籍的排版应该尽量减少文字，尽量使用图文结合的办法呈现内容。另外，儿童读物可以适当地选择较大的纸张来设计，这样可以扩大版面，使内容排版简洁大方，并且还可以适当地使用精美的字体及图片等加强视觉效果，提高儿童的阅读兴趣（图 1-19）。

图 1-19　儿童书籍

三、设计风格定位

　　它是指为书籍选定一种最适合的设计风格或表现形式。书籍设计的风格多种多样。在进行书籍设计前，首先需要根据不同种类的书籍特点以及读者的文化程度、群体个性等，确定书籍设计的整体风格，包括设计细节。如诗歌散文类的文学书籍设计风格应清新秀丽、温文尔雅；少儿类书籍的设计风格应活泼可爱、趣味盎然；历史类的书籍设计风格应古朴庄重、沉厚深邃（图 1-20）。

图 1-20　书籍设计风格

　　但是需要注意的是：书籍装帧设计也绝对不是简单地对号入座，在正确定位基础上的突破和创新才是最重要的。

第四节　书籍各组成部分

实训目的：对书籍装帧的各个组成部分的设计有更为全面的认识和了解，熟知各部分的作用。

实训内容：书籍各组成部分。

实训课时：2 课时。

实训作业：翻阅至少 6 本书，熟悉这 6 本书的每一个组成部分，从而更加了解书籍装帧所要设计的内容。

可以说，每一个人都不同程度地与书籍打过交道，但是不是所有的读者都说得出书籍各组成部分的名称，更不要说它们的作用了。这不足为奇，因为一般读者只是关心书籍阅读是否流畅，书籍装帧形式是否与书籍内容相协调。至于什么叫环衬，什么叫扉页，对它们来说并不重要。但对我们从事书籍装帧设计的人来说，就必须对书籍各部分的名称、作用有具体的了解，才能更好地实施我们的设计思想。

以精装书为例，书籍可分为外观部分和内页部分。前者包括封套、护封、硬封、腰封、环衬页，后者包括扉页、目录、正文、插图页、版权页。护封是由封面、封底、书脊和前后勒口组成（图 1-21）。以下就简述一下各部分的作用。

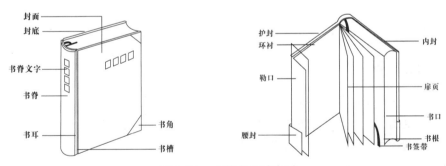

图 1-21　书籍各组成部分

一、封套

封套又称为书帙、书函、函套、书套或书衣。根据书的大小、厚度而制。一般用来放置比较精致的书册，大多用于丛书或多卷集书，它的主要功能是保护书册，具有便于携带和收藏的特点（图 1-22）。

图 1-22　书籍封套

二、护 封

护封可称为书籍的外貌，或"书的脸"。即包在书籍外面的书皮，作用是保护封面，同时也能起到装饰作用和宣传效果。它通常印有书名、著作者名、出版机构名称。护封设计等同于封面设计，如果有了护封，书籍封面一般只印书名，避免重复繁琐（图 1-23）。

图 1-23　书籍护封

三、封 面

其中包括书名、作者名、出版社名称（标志）。

四、封 底

可印上责任编辑名和书籍设计者名，一般在右下角印书号和定价。

五、书 脊

书脊即书的脊背，它连接书的封面与封底，主要内容包括书名、作者名、出版机构名称。

六、腰 封

腰封又叫作环套，是包在书外面的纸带，约 4 厘米宽。它是在书籍印好后才加上去的，往往是出书后出现了与这本书有关的重要事件，而又必须补充介绍给读者的，例如这本书的作者获得了某项文学奖或是该书已经被拍成了电影等（图 1-24）。

图 1-24　书籍腰封

七、环　衬

环衬即扉页的前一面，连在封面与扉页之间的叫前环衬，连在正文与封三之间的叫后环衬，如果有一张对折双连页纸，一面粘贴在封面背上，一面贴牢书心的订口，这张纸称为环衬页（也叫蝴蝶页），它把书心和封面连接起来，使书籍得到较大的牢固性。与封面相比，环衬的美以含蓄取胜。其设计往往采用以空带实、以静带动的形式，与封面之间构成"虚实相生"的对比关系。环衬应与护封、封面、扉页、正文等的设计风格相协调，并具有节奏感。环衬的简约风格可以给读者在阅读的过程中从视觉上带来轻松与美的享受（图1-25）。

图 1-25　环衬

八、扉　页

顾名思义，"扉"即小门，在封面或环衬的后面，正文的前一页，起补充封面的作用，内容比封面可更详细。扉页的内容包括书名、副题、著译者名字、出版机构、出版地点和简练的图案。扉页上的字体不宜太大，可与封面的字体保持一致，但和封面相比应稍平和淡雅，以保证封面、书芯的和谐关系，设计要求简练、概括、大方，书名文字明显、突出，其他信息的字体、字号得当、位置有序（图1-26）。

图 1-26　扉页

九、目录页

目录页是全书内容的纲领，它摘录全书各章节标题，呈现了全书的结构层次，以便于读者检索。目录页通常安排在正文之前或序文之后。目录中标题层次较多时，可用不同字体、字号、色彩及逐级缩格的方法来加以区别。目录页的字体、字号应和正文相协调，除篇、部级标题，一般用字不宜大于正文，必要时可考虑变化字体。章、节、项的排列要有层次。各类标题字体、字号须顺次由大到小、由重到轻、由宽到窄，区别对待，逐级缩格排版，要做到条理分明，避免千篇一律（图1-27）。

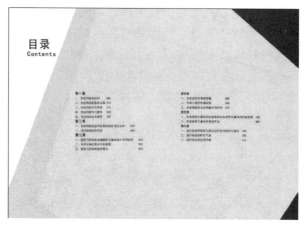

图1-27　目录页

十、版权页

　　版权页一般放在扉页的背面，有时也放在后环衬的背面。版权页上一般包括书名、丛书名、编者、著者、译者、出版者、印刷者、版次、印次、开本、出版时间、印数、字数、国家统一书号、图书在版编目（CIP）数据等内容，是国家出版主管部门检查出版计划情况的统计资料，具有法律意义。版权页的版式没有定式，大多数图书版权页的字号小于正文字号，版面设计力求简洁（图1-28）。

图1-28　版权页

十一、插图（插页）

插图（插页）是与书稿内容有关的图片，是书籍装帧艺术的重要组成部分，插图分文艺性插图和技术性插图两类。文艺性插图的作用，能吸引读者，并能够解释文字和进一步理解书籍的内容；技术性插图起到图解和资料性的作用。

第二章 书籍装帧整体设计与实训

第一节 书籍的开本设计

实训目的：认识并了解书籍开本的各种尺寸，能够根据设计需要选择合适的书籍开本。

实训内容：开本概念、纸张开切方法、开本类型、确定书籍开本要考虑的因素。

实训课时：4课时。

实训作业：认识各类书籍的开本尺寸。

一、开本的概念

在进行书籍装帧设计时，遇到的第一个课题就是确定书籍的开本。书籍的开本是指书籍的幅面大小，即书的面积大小、长宽比例（图2-1）。通常用开或开本来做单位，如16开、32开、64开等。

纸张是书籍的最基本材料。我们通常把一张按国家标准分切好的平板原纸称为全开纸。在以不浪费纸张、便于印刷和装订生产作业为前提下，把全开纸裁切成面积相等的若干小张称之为多少开数；将它们装订成册，则称为多少开本。设计一本书时，首先要确定开本，原则上是要选用适合内容题材的纸张种类，并且以最经济合理的计算来裁切；其次还要充分考虑印刷机和切割所需的余量。

图 2-1 书籍开本

由于国际国内的纸张幅面有几个不同系列，因此虽然它们都被分切成同一开数，但其规格的大小却不一样。尽管装订成书后，它们都统称为多少开本，但书的尺寸却不同。如目前16开本的尺寸有：188×265（mm）、210×297（mm）等。在实际生产中通常将幅面为 787×1 092（mm）或 31×43 英寸的全张纸称之为正度纸；将幅面为 889×1 194（mm）或 35×47 英寸的全张纸称之为大度纸。由于 787×1 092（mm）纸张的开本是我国自行定义的，与国际标准不一致，因此是一种需要逐步淘汰的非标准开本（表 2-1、表 2-2）。

　　由于各种不同全开纸张的幅面大小差异，因此相同开数的书籍幅面因所用全开纸张不同而有大小差异，如书籍版权页上"787×1 092　1/16"，表示该书籍是用 787×1 092（mm）规格尺寸的全开纸切成的 16 开本书籍。又如版权页上的"889×1 194 1/16"，表示该书籍是用 889×1 194（mm）规格尺寸的全开纸切成的 16 开本书籍。为了区别这种开数相等而面积不同的开本书籍，通常把前一种称为 16 开，后一种称为大 16 开。

表 2-1　近期最常用的书籍开本幅面比较　　单位：mm

开本	书籍幅面（净尺寸）		全开纸张幅面
	宽度	高度	
8	260	376	787×1 092
大 8	280	406	850×1 168
大 8	296	420	880×1 230
大 8	285	420	889×1 194
16	185	260	787×1 092
大 16	203	280	850×1 168
大 16	210	296	880×1 230
大 16	210	285	889×7 794
32	130	184	787×1 092
大 32	140	203	850×1 168
大 32	148	210	880×1 230
大 32	142	210	889×1 194
64	92	126	787×1 092
大 64	101	137	850×1 168
大 64	105	144	880×1 230
大 64	105	138	889×1 194

表 2-2　近期其他全开纸张的常用书籍开本幅面比较　　　单位：mm

开本	书籍幅面（净尺寸）		全开纸张幅面
	宽度	高度	
16	165	227	690×960
16	171	248	730×1 035
16	188	207	787×880
16	232	260	960×1 092
32	113	161	690×960
32	124	175	730×1 035
32	130	208	880×1 092
32	147	184	889×7 794
32	115	184	787×1 230
32	140	184	787×1 156
32	130	161	690×1 096
32	169	239	1 000×1 400
64	80	109	690×960
64	84	120	730×1 035
64	104	126	880×1 092
64	92	143	787×1 230
64	119	165	1 000×1 400

二、纸张的开切方法

　　书籍适用的开本多种多样，有的需要大开本，有的需要小开本，有的需要长方形开本，有的则需要正方形开本。这些不同的要求只能通过纸张的开切来解决。纸张的开切方法大致可以分为几何开切法、非几何开切法和特殊开切法，最常见的是几何开切法（图 2-2）。它是以 2、4、8、16、32、64、128……的几何级数来开切的，这是一种合理的、规范的开切法，纸张利用率高，能用机器折页，印刷和装订都很方便。其次是直线开切法（图 2-3），它是依纸张的纵向、横向直线开切，也不浪费纸张，但开出的页数双数和单数都有，不能全用机器折页。特殊开切法是纵横混合开切法（图 2-4），纸张的纵向和横向不能沿直线开切，开下的纸页纵向、横向都有，不利于技术操作和印刷质量，易剩下纸边造成浪费。还有一点需要大家了解，开本的尺寸，在成书之后都略小于纸张开切成小页的实际尺寸。因为书籍在装订之后，除装订外，其他三面都要经过裁切和光边（即在书籍的天头、地头、书口各切 3 mm 的毛边）。

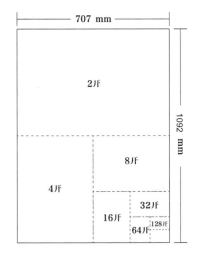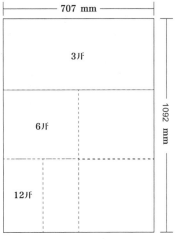

图 2-2　几何级数开切法

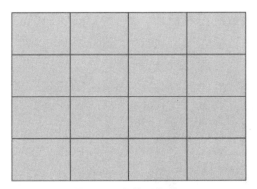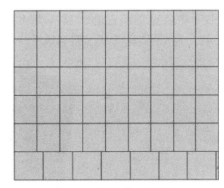

图 2-3　直线开切法　　　　　　　　图 2-4　纵横混合开切法

还有畸形开本书籍，不能被全开纸张或对开纸张开尽（留下剩余纸边）的开本被称为畸形开本。例如，787×1 092 mm 的全开纸张开出的 10、12、18、20、24、25、28、40、42、48、50、56 等开本都不能将全开纸张开尽，这类开本的书籍都被称之为畸形开本书籍。

三、开本的类型

1. 左开本和右开本

左开本指书刊在被阅读时，向左面翻开的方式（图 2-5）。左开本书刊为横排版，即每一行字是横向排列的，阅读时文字从左往右看。

右开本指书刊在被阅读时是向右面翻开的方式（图 2-6）。右开本书刊为竖排版，即每一行字是竖向排列的，阅读时文字从上至下、从右向左看（只指汉字的排列）。

图 2-5　左开本

图 2-6　右开本

2. 纵开本和横开本

纵开本指书刊上下（天头至地脚）规格长于左右（订口至切）规格的开本形式。书籍在装订加工过程中常将开本尺寸中的大数字写在前面，如 297 mm×210 mm（长×宽），则说明该书刊为纵开本形式（图 2-7）。

图 2-7　纵开本

横开本与纵开本相反，是书刊上下规格短于左右规格的开本形式，在装订加工过程中将开本尺寸中的小数写在前面，如 210 mm×297 mm（长×宽），说明该书刊为横开本形式（图 2-8）。

图 2-8　横开本

按开本大小规格还可以分为 12 开以上的大型本、16 ~ 32 开的中型本和适用于手册、工具书、通俗读物或短篇文献的小型本（图 2-9 至图 2-11）。

图 2-9　大型本（12 开）

图 2-10　中型本（16 开）

图 2-11　小型本（48 开）

四、确定书籍开本大小需要考虑的因素

开本就是一本书的大小，也就是书的面积。只有确定了开本的大小之后，才能根据设计的意图确定版心、版面的设计、插图的安排和封面的构思，并分别进行设计。独特新颖的开本设计必然会给读者带来强烈的视觉冲击力。一本书到底设计成多大的开本，我们在设计时要考虑不同的因素。

1. 书籍的性质和内容决定书籍的开本

书籍的性质和内容非常重要，因为开本的高与宽已经初步确定了书的性格。著名书籍设计师吴勇说过："开本的宽窄可以表达不同的情绪。窄开本的书显得俏，宽的开本给人驰骋纵横之感，标准化的开本则显得四平八稳。设计就是要考虑书在内容上的需要。"所以不同性质、不同内容的书籍，它的开本是不一样的。根据书籍内容性质选择适当比例的开本，会让人感受到其特有的韵味，这是书籍内涵的外在表现。

例如诗集，一般采用狭长的小开本（图 2-12），合适、经济且秀美。因为诗的形式是行短而转行多，读者在横向上的阅读时间短，诗集采用窄开本是很适合的。相反，其他体裁的书籍采用这种形式则要多加考虑，同时需考虑纸张的使用，设计是因书而异的。学术理论著作和高等学校的教材类开本（图2-13），由于文字篇幅较多，一般放在桌上阅读，所以采用大32开和16开本，以便减少书脊的厚度。小说、传奇、剧本等文艺读物和一般参考书（图2-14），经常选用小32开，方便阅读。为了方便读者，书不宜太重，以单手能轻松阅读为佳。青少年读物一般有插图，因此可以选择较大一点的开本（图2-15）；而儿童读物图文并茂，插图较多，选用字体又不宜太小，因此通常选用正方形或者扁方形的开本，适合儿童的阅读习惯（图2-16）。字典、词典、辞海、百科全书等有大量篇幅，往往分成2栏或3栏，需要较大的开本（图2-17）。小字典、手册之类的工具书开本选择42开以下的开本。画册是以图版为主的，先看画，后看字。由于画册中的图版有横有竖，常常互相交替，所以采用近似正方形的开本，合适而又经济实用。如果是中国画，还要考虑其狭长幅面而采用长方形开本（图2-18）。画册中的大开本设计，视觉上丰满大气，适合作为典藏及礼品书籍，有收藏价值，但在设计时需要考虑成本的问题。

图2-12　诗歌开本

图2-13　高校教材开本

图2-14　文学作品开本

图2-15　青少年读物开本

图2-16　儿童读物开本

图 2-17　词典开本

图 2-18　中国画册开本

2. 读者对象和书的价格决定书籍的开本

读者由于年龄、职业等差异对书籍开本的要求也不一样，如老人、儿童的视力相对较弱，要求书中的字号大些，同时开本也相应大些，青少年读物一般都有插图，插图在版面中交错穿插，所以开本也要大一些。再如，普通书籍和作为礼品、纪念品的书籍的开本也应有所区别。

3. 原稿篇幅决定书籍开本

书籍篇幅也是决定开本大小的因素。几十万字的书与几万字的书，选用的开本就应有所不同。一部中等字数的书稿，用小开本，可取得浑厚、庄重的效果；反之用大开本就会显得单薄、缺乏分量。而字数多的书稿，用小开本会有笨重之感，以大开本为宜。

4. 图书的用途决定书籍开本

画册、图片、鉴赏类、藏本类图书多采用大中型开本；阅读类图书多采用中型开本；便携类图书如旅游手册、小字典等可随身携带的书籍多采用小型开本。

开本除了大小之外，还有形状区分。平常的书都是长方形或正方形，偶然三角形或是圆形等异形开本的书也会很有个性。吴勇设计的《画魂》（图 2-19）一书的开本呈三角形，它以独特新颖的异形开本设计给读者带来强烈的视觉冲击力，给人一种"纯美感"。儿童书籍为了诱发儿童阅读兴趣，经常采用异型开本。

开本形式的多样化是大势所趋，但需要强调的是，开本的设计要符合书籍的内容和读者的需要，不能为设计而设计、为出新而出新。

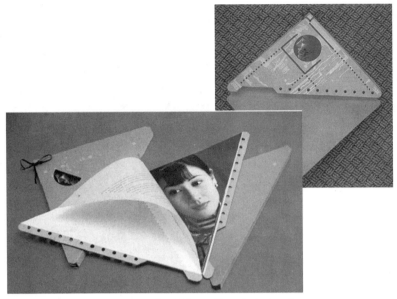

图 2-19 《画魂》吴勇设计异形开本

第二节 书籍的封面设计

实训目的：对书籍装帧的封面、封底、书脊设计有更为全面的认识和了解，并通过欣赏优秀的书籍装帧了解一些突出的、新颖的设计形式，启发学生的思维想象，有意识地引导学生运用细致的联想与观察，开拓创意的源泉，培养学生运用所学的知识设计及制作作品的能力，并运用艺术的手段加以表现，设计出比较完美、体现个性的创意封面作品。

实训内容：封面、封底、书脊的设计，封面的立意、文字、图形、色彩设计，封面版式设计。

实训课时：12 课时。

实训作业：

● 内容：（1）以冯骥才的小说《高女人和她的矮丈夫》为题设计简装单本书籍封面一幅。（2）自拟书籍题材（文学类、艺术类、少儿类读物等均可，但必须在内容和形式上能够成为系列和套书），设计套书封面三幅。

● 要求：开本自定，书籍封面包括封面、封底、书脊、前后勒口，书脊不小于 1厘米。运用个性化与艺术化的手段来表现，所用的图形手绘、电脑制作均可，每一幅封面都要提交不少于 3 个的设计草图，从中选择出 1 个优秀方案进行完善设计并提交打印稿。

封面乃书的门面，肩负着说明书籍、宣传书籍和保护书籍的多重任务。好的书籍封面能使该书从众多书籍中脱颖而出，引起读者的注意，将书籍的精神和内容介绍给读者，对读者的购买行为起着引导作用。可以说，书籍封面是一位无声的推销员，对书籍的形象有着非常重大的意义。封面设计一般包括书名、编著者名、出版社名等文字，以及体现书的内容、性质、体裁的装饰形象、色彩和构图。

一、封面的组成部分

封面由三部分组成：前封、封底、书脊，有的书籍还会在前封和封底切口的边缘增加约 50～100 mm 宽度的勒口，用于写上作者简介或其他的说明性文字（图 2-20）。

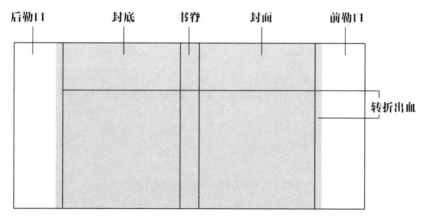

图 2-20　书籍封面的组成部分

1. 前　封

前封指书籍的首页正面，大多数书籍的前封上印有书名、著作者名和出版机构名称。书名大都位于前封的主要位置，并且较为醒目，而著作者名和出版机构名一般都位于从属位置，且字号比较小。

2. 书　脊

书脊就是书的脊背，它连接书的前封和后封，常常展示在书店、图书馆、个人书柜的书架上（图 2-21）。在封面设计时，我们一定要预先计算准确书脊的厚度，计算公式为：全书页码数÷2×纸的厚度系数。这样才能确定书脊上的字体大小，设计出合适的书脊。通常，书脊上部放置书名，字号较大，下部分放置作者、出版社名称或出版社标志，字号较小。如果是丛书，书脊上还要印有丛书名，多卷成套的要印上卷次。

图 2-21　书脊

3. 后封（封底）

后封上通常放置出版者的标志、系列丛书书名、书籍价格、条形码及有关插图等。一般来说，后封尽可能设计得简单一些，但要和前封及书脊的色彩、字体编排方式统一。

4. 勒　口

比较讲究的平装书，一般会在前封和后封的外切口处，留有一定尺寸的封面纸向里转折。前封翻口处称为前勒口，后封翻口处称为后勒口。前勒口通常印上该书籍的内容简介或是简短的评论。对于读者了解书籍的内容起着重要的作用。前封的设计元素可以延伸到前勒口，例如一条线、一个色块、一个简单的插图，都能对勒口起到分割和装饰的作用。后勒口经常印有作者的简历和照片，或者印上作者的其他著作。后勒口是出版社宣传其他书籍，特别是与这本书有关的书籍的广告场所。后勒口的设计风格要与前勒口一致（图 2-22）。

图 2-22　勒口

二、封面的立意与设计要素

1. 封面设计的构思立意

所谓立意，即指封面作者对于书籍内容的理解、感受，在头脑中所形成的主题思想以及如何通过艺术形象来表现主题的想法。我国传统绘画主张"意在笔先""成之命笔，惟意所到"，因此立意是封面设计成败的关键。所谓"意"就是构思，构思是造型的灵魂。我们设计一本书籍的封面，首先要熟悉书籍的内容、主题、性质、特征、风格等，这些都是封面立意的根基，对内容、主题理解得越深，在立意中就越有选择的自由。

作为书籍封面设计者，我们都知道，在封面设计的立意过程中，构思的过程与方法大致有"想象、舍弃、象征、创新"这四个方面。其中所谓"想象"，是指设计者对书籍的内容理解后展开的联想。一本书洋洋万言，包含了很多内容，封面这一有限的平面空间无论如何也不能容纳书籍庞大的内容。所以封面设计要确切地表现书籍的主题，只能借助艺术联想去扩大意境。让读者不是就封面看封面，而是通过封面所表现的形象能够联想到更多内容。凡是能激发人们展开艺术联想的封面作品，都有一个共同的特点，就是寓"无限"于"有限"之中，寄情写意，思而得之。例如，陶元庆给鲁迅的小说《彷徨》设计的封面：画了三个寂寞的人面对着一轮沉日彷徨而沉思，醒目的太阳及渴望的表情，使人联想到对于光明的追求，通过这种联想的方式，陶元庆巧妙地点明了主题，使该封面成为现代书籍装帧史上的经典之作（图2-23）。

图2-23　《彷徨》封面　陶元庆设计

封面在立意时要考虑取舍问题。我们在设计构思时往往想得很多，对多余的想法不忍丢弃。张光宇先生说"多做减法，少做加法"，就是真切的经验之谈。对不重要的、可有可无的形象与细节，坚决忍痛割爱。学会取舍也是书籍封面设计的重要法宝。舍弃的目的是为了让读者有更多的发挥想象空间和余地，去体会设计者的良苦用心，给人一种意犹未尽之感。这种做法，能营造出封面的朴实大方、简洁凝练的气质和"虚实相生"的外在美感。

象征性的手法是艺术表现最得力的语言，用具象形象来表达抽象的概念或意境，也可用抽象的形象来意寓表达具体的事物，都能为人们所接受。例如，陶元庆为鲁迅先生的《坟》设计的封面，用两个相互交叠的三角形对"坟墓"做了象征的表现。另一个似是而非的棺材形象对"坟"起了点题的作用。这样的设计，恰当而又深刻地体现了该杂文集的中心思想，反映了当时鲁迅的思想背景（图2-24）。

图2-24 《坟》封面 陶元庆设计

在封面设计的立意过程中，我们要切记流行的形式、常用的手法、俗套的语言要尽可能避开不用；熟悉的构思方法，常见的构图，习惯性的技巧，都是创新构思表现的大敌。构思要新颖，就需不落俗套，标新立异。只有独具匠心的立意构思，才能设计出高质量的封面作品。

2. 封面的文字设计

文字是平面设计中最早出现的书籍封面设计要素之一。文字在封面设计中占有重要的作用，一本书籍的封面设计可以没有图形，但不可以没有文字。文字不仅是语言意义的载体，同时也是抽象图形符号的化身。文字扮演的身份是比较复杂的，它是点、线、面设计的复合体（图2-25）。如果一个字可以看成一个点，一行字可以看成一条线，那么一段文字就可以看成一个面。法国诗人阿波里涅的诗歌《书法语法》的版面设计将"文字图形化"就充分说明了这个道理。无论是东方还是西方在字体草创之初，文字都有一个共同的特点就是具有象形的特点。"字中有图，图中有字。"譬如中国的象形文字。亚洲书籍设计大师杉浦康平是现代书籍设计实验的先行者，他也特别重视汉字在设计中发挥的重要作用。他认为汉字、假名合一的文字为他 20 世纪 70 年代从德国回到日本之后的设计带来了重大的转机，并成为他设计的重要语汇。尤其是汉字、象形字、书法等激发了杉浦康平的创作灵感，他说："对中国书籍文化和亚洲传统的探求才是我的创作思维之母。""文字与图形，是悠游于混沌与秩序之间的同类。"典型的作品是杉浦康平在 1001 期《游》封面上写满了各式各样的"游"字，利用错位与混乱构成封面，具有鲜明的后现代主义色彩（图 2-26）。可见文字与图形是相辅相成的关系。

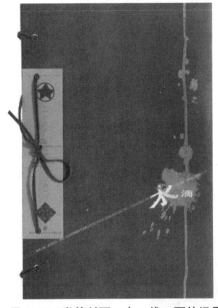 

图 2-25 书籍封面 点、线、面的运用　　图 2-26 1001 期《游》封面 杉浦康平设计

　　文字是封面不可或缺的组成部分。封面文字中除书名外，均选用印刷字体，因此书名是封面文字部分的重点，起着举足轻重的作用。书名可选择合适的印刷字体，也可根据书籍内容书写或设计一些有个性的字体。书名不仅在字面意义上帮助读者理解书籍的内容，同时由于其字体本身的特点，也可加强书籍内容的体现和表达。常用于书名的字体分三大类：书法体、美术体、印刷体。

　　（1）封面字体受到书籍内容和读者群的制约。

　　不同的封面内容也决定了封面设计中字体的不同形式。根据内容选择字体，就如同根据人的不同性格选择服饰一样。设计者要根据书籍内容选择适当的字体。如诗歌散文类书籍，要体现行云流水的文笔，如果用上黑体或其他笨拙的字体，那种抒情飘逸的自由就无法体现，而用清秀雅致的仿宋体则效果截然不同。科技书、工具书要体现其科学性、权威性，稳重的黑体或典雅端庄的宋体都较为合适。

每一本书都有自己的读者群，所以设计者在设计书籍封面字体时，也要考虑到读者对象这一因素。不同年龄、性别、爱好的读者对书籍封面字体的喜好也不同。例如针对儿童设计的书，封面字体选择应以活泼为主，因为儿童都有一种好动、好奇的心理。所以在字体安排上体现稚味、想象的空间，不要充满太多的商业味、成人的严肃性，可选取"童稚体"与图形进行穿插变化（图 2-27）。

图 2-27 《银河的孩子》封面设计

大多娱乐方面的书籍，由于读者群多以青年男女为主，特别是年轻女性居多。根据她们的爱好，字体选择可以体现出时尚性（图 2-28）。给老年人看的书，则应考虑到这一年龄阶段都处在谈经验、忆往昔的阶段，他们追求的是一种安逸、闲适、平静的生活，所以字体的选择不应太动荡，而应选择体现中和、超然、稳重的字体。

图 2-28 NEW YORK 杂志封面

（2）字体要素在封面设计中的常用手法。

① 装饰字体的应用。这类字体最为活泼多样，应用极为广泛。比较简便的方法是以基本字体为原形字体，做内线、勾边、本体立体、平行透视的变化，用这种方法还可以推广出许多别的装饰方法，例如断笔、虚实、折带、重叠、投影等，使文字美观醒目。2007 年获"最美的书籍"的由陈楠设计的《上海罗曼史》就是一个成功的例子，他将主题文字进行夸张、变形和组合设计，构成富有节奏感和韵律感的视觉效果，在动与静、虚与实、理性与感性的主题阐释中将信息准确传达出来，让读者感受到文字创意在封面设计中的重要性（图 2-29）。

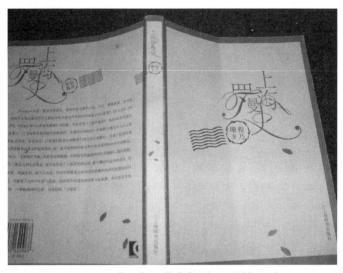

图 2-29 《上海罗曼史》封面 陈楠设计

② 字体与图形的同形异构应用。它是把文字和图形结合起来，使文字的含义形象化，十分动人。它需要深刻理解文字内容，充分发挥想象力，巧妙地构思和设计。凡是具象的词句都可以运用这种表现方法。字体要素在封面设计中要与图形要素和谐统一。文字与图形是视觉传达设计中的两个因素，字体与图形组合在一起时，应了解一些版式设计的基本应用规则，才能提高字体运用的能力，设计出完美的作品来。在书籍封面设计中，除了基本字体以外，还要与之图形化演绎。但在设计构思过程中，在文字与图形的轻重取舍上，要注意图与文的和谐原则。文与图注重一种完整性，以不要破坏整体性为目的。

③ 书法字体的应用。这是一种有个性、充满动感、活泼美感的字体，它具有浓厚的民族文化内涵的沉积。在笔画、落墨、疏、密组合中整体产生了一种音乐的旋律美、诗的韵律美，这种形态表现是以情抒怀，得意忘形。品味"书法艺术"，更多的是品味艺术的神奇。在视觉流程中，美的享受也悄然占据了我们的心灵，一个单独的字体，一段语句，都能产生这种形态变化后而得到的愉悦之感。这种运用形式可在相关的期刊、杂志上灵活地应用，可以丰富字体的多变、灵动、随意的趣味。例

如在规正的黑体中，可以使整体笔画中的一点或一横改为书法字体，或在色彩上定位是红色字，在某一笔上改为绿色字，这样人们看习惯了的文字，突然间感到不适应，这样差异求新的效果，可以提升良好的设计思维，局部的装饰会令人感受到精细巧作（图2-30）。

图 2-30 《朱熹千字文》封面　吕敬人设计

文字是传达和记录书籍信息的重要符号载体，在书籍封面设计过程中，"字体"作为整体设计要素中必不可少的要素之一，起着画龙点睛之用。

3. 封面的图形设计

图形是一种世界语言，它超越地域、国家、民族，普遍为人们所看懂。封面上一切具有形象的都可称之为图形，包括摄影、绘画、图案等，书籍封面的图形可以是具象的，也可以是抽象的、装饰性的或漫画性的，无论是哪一种都要根据书籍的内容和主题来选择适当的图形表现。例如由生活·读书·新知三联书店出版的《伟大的道路》一书，画面上朱德总司令骑着骏马驰骋沙场、英武气概的摄影震撼人心，这是具象的、写实的"形"，设计师又巧妙地用十余条红色曲折的斜线画在骏马下端，组成透视的抽象的"形"，意寓着朱德同志戎马一生及曲折的革命道路（图2-31）。这里用抽象的线形比喻征途，比用具象的泥路、沼泽更能体现深远的、含蓄的"路"的意蕴。

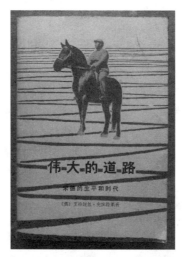

图 2-31 《伟大的道路》 钱月华设计

书籍封面的图形以其直观、明确、视觉冲击力强、易与读者产生共鸣的特点，成为设计要素中重要部分，它往往在画面中占很大面积，成为封面设计的视觉中心。设计者可以最大限度地运用比喻、象征等。

（1）封面设计的图形与主题。

封面设计中主题图像，重在"尽意"，即浓缩主题而以"以形生意"。主题图形往往能直接体现书籍的思想，反映书籍的内容。用在封面上的主题图形以插图和摄影作品最为常见。杉浦康平《造型的诞生》封面设计上的图形就有：佛光、祥云、日、月等。在图形被视觉感知的同时仿佛可以聆听到一种图像与宇宙的声音，体现了书的主题（图 2-32）。

图 2-32 《造型的诞生》封面　杉浦康平设计

（2）封面设计中的创意图形。

创意图形指与自然图形相对的具有艺术性和技术性的图形。主要包括具有象征意义的图形、符号和纹饰等。在这里，我们设计书籍封面的创意图形，可以运用一些图形创意的方法来获得。例如图形同构、共用图形、影构图形等。

《"阿玛蒂"的故事》这张封面的精彩之处，就是封面图形采用了"共用线""共生同构"的技法。封面中男士的颈脖线和女士的发线合二为一，所谓"你中有我，我中有你"（图 2-33）。

4. 封面的色彩设计

色彩在封面设计中占有很重要的地位。读者往往是先看到色彩，再看到图形和文字。因此色

图 2-33 《"阿玛蒂"的故事》封面
安今生设计

彩是封面设计给人的第一印象。得体的色彩表现和艺术处理，能在读者的视觉中产生夺目的效果。色彩的运用要考虑内容的需要，同时也要考虑阅读对象的年龄、文化层次等。

书名的色彩运用在封面上要有一定的分量，纯度如不够，就不能产生显著夺目的效果。同时还应该考虑书籍内容的主调与色彩构成色调的心理联想相联系。

封面色彩要表达书籍的性质与特征，同时也要激发读者的情感波澜。书籍封面的色彩好比人们的衣着，男人的、女人的、老人的、孩童的，都各自有不同的服装色彩角度。所以，我们在设计封面时，要"随类赋彩"，即什么种类的书籍赋予什么样的色彩。

一般来说，幼儿刊物封面色彩的运用，要充分考虑这个年龄段的幼儿心理及其发展特点，针对幼儿娇嫩、单纯、天真、可爱的特点，色调往往处理成高调、纯度适当、减弱各种对比的力度、强调柔和的感觉（图2-34）。

老年人刊物封面色彩的运用要考虑老年人视力较差、色彩太花影响阅读等特点适当配置色彩（图2-35）。

图2-34　幼儿刊物

图2-35　老年人刊物封面

女性书刊封面的色调可以根据女性的特征，选择温柔、妩媚、典雅等富有个性或具有时尚气息的色彩系列（图2-36）。

体育杂志封面的色彩则强调刺激、对比，追求色彩的冲击力；科普书刊封面的色彩可以强调神秘感；专业性学术杂志封面（图2-37）的色彩要端庄、严肃、高雅，体现权威感，等等。因文化素养、民族职业的不同，不同的人对于书籍的色彩也有着不同的偏好。

图 2-36 女性刊物封面

图 2-37 专业性学术刊物封面

　　书籍封面的色彩设计不同于绘画色彩的设计，它不需要丰富的色彩表现，而较多采用装饰性的色彩。装饰性的色彩特征，是简练、概括、含蓄、夸张。它是通过色彩的个性变化，创造出富有魅力的结构形态，给读者以视觉上的层次美感。还要注意色彩的对比关系，包括色相、纯度、明度对比。封面上没有色相冷暖对比，就会感到缺乏生气；封面上没有明度深浅对比，就会感到沉闷而透不过气来；封面上没有纯度鲜明对比，就会感到古旧和平俗。我们要在封面色彩设计中掌握明度、纯度、色相的关系，同时用这三者关系去认识和寻找封面上产生弊端的缘由，以便提高色彩修养。在封面色彩设计中，我们切忌用色繁多，繁则会令人眼花缭乱，影响信息的传递速度。在设计时，做到"惜色如金"，用最简约、凝练的色彩结构达到最美的色彩效果（图 2-38）。

图 2-38 书籍封面

5. 封面的构图设计

如果说立意是封面设计的灵魂，那么构图就是封面设计的骨肉，构图在为立意服务的同时，也是设计者表达自己的艺术思想，将创作意念和艺术思想初步物化为视觉形态，从而形成具有独特艺术风格的重要途径。封面构图，是将文字、图形、色彩等进行合理安排的过程，其中文字占主导作用。设计构图时，有些封面采用了"竖线"的形式结构，以挺拔的"力"追求崇高，具有严肃、刚直的特点。有些封面用"横线"的形式结构，以宽阔的"张力"追求稳定、平静的感觉；有的采用"斜线"的形式结构，以不稳定的"形态"寻求运动感和方向感，等等。

封面设计的构图，非常重视整体形态，构图的整体性依靠它所有的元素之间的联系。为了体现作品的整体性，画面中应该有主有次，让次要元素从属主要元素，应该注意分散与呼应，局部与局部、局部与整体之间比例的平衡，各种元素的韵律和节奏，恰当地运用分割法（图2-39）。

图 2-39 书籍封面构图

六、书脊的设计

书脊又称封脊，书籍的内文页形成一定的厚度，经过装订以后，便在书籍的订口部位形成书脊。它是书籍的脊梁骨，有了它的存在，书籍才能有完整的立体形态。它的宽度基本上相当于书芯厚度。一般书籍都有书脊，而采用骑马订的杂志没有书脊。虽然书脊只有书的厚度那么宽，但是当书籍被放置在书架上的时候，书脊便成为书籍的第二张封面。读者通过书脊所传达的信息来选择自己所需要的书。书脊可以传达整本书的信息，使读者在众多繁杂的书中寻到自己想要的图书。汉斯·皮特·维尔堡在《发展中的书籍艺术》一书中说道："一本书籍一生的百分之九十显露的是书脊而不是别的。"

书脊是书籍的一部分，它的设计风格要与封面和封底的设计风格相呼应。要使读者可以通过书脊识别书籍的名称、册次、作者名、出版社名，对于这些书籍信息的设计。可以采用与封面同样的字体样式，保持书籍设计的整体性。书脊的设计可以是封面整体图形的一部分，这样既体现了书脊的功能作用，也体现了书籍的艺术个性，突出了书籍的整体美感。书脊也可以单独设计，在保持与封面设计风格统一的基础上加入一些其他的设计元素（图 2-40），同样也具有很强的艺术感染力。

图 2-40 《装帧之旅》 书脊设计

七、封底的设计

封底是书籍整体美的延续。封底设计是创意的延伸，充分利用书脊和封底还可以降低成本。封面设计的创意追求可在封底设计中得到更好发挥。封底相对于前封的信息显得次要一些，字号比前封小，但整体要与封面、书脊的设计风格相协调。封底设计要做到与封面设计保持连贯性、统一性、呼应性，呼应之时，封面为主、封底为次，二者之间紧密关联，相互帮衬。设计者在设计封底时，要特别注意封底的整体之美，绝不可将封面做成"虎头"，将封底做成"蛇尾"。为了追求风格的统一性，设计者必须全面考虑封底各内容，如书籍内容简介、著作者简介、责任编辑、装帧设计的署名、条形码、定价等，给他们安排合适恰当的位置，使之各得其所，又能组成一幅和谐而美观的画面（图2-41）。

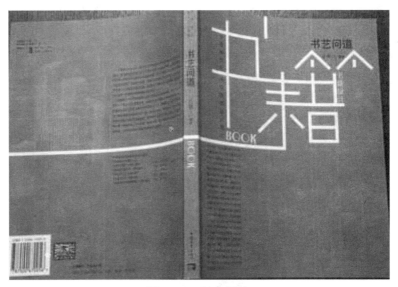

图 2-41　封底设计

第三节　插图设计

实训目的：通过对插图形式分类与插图版式等知识的学习，明确插图的形式必须体现书稿的体裁、内容、风格，以便更好地烘托出书籍所蕴含的氛围，给予读者微妙的想象空间。根据理论知识和书籍题材特点，确定与完善自己所做的书籍插图设计。

实训内容：插图定义及功能、插图发展、分类、表现形式、插图设计的艺术特征。

实训课时：6课时。

实训作业：

- 内容：设计书籍插图四幅。
- 要求：（1）书籍插图要根据书籍内容进行设计构思，可以是每本一幅，也可以是四幅都反映一本书的内容。（2）插图表现手法不限，可以采用手绘（水彩、水粉、黑白装饰画、版画、线描、马克笔等均可），也可以用电脑绘制，不限软件；插图不要直接用照片。（3）规格：A4大小。电脑稿用彩色喷打，手绘稿用白卡纸或水彩纸，按A4尺寸裁切。（4）插图绘制必须有过程草图。

一、书籍插图的定义及功能

书籍插图即插附于书刊或文字之间的图画。这是一种视觉传达形式，是一种信息传播媒介。插图是运用图案表现的形象，本着审美与实用相统一的原则，尽量使线条、形态清晰明快，制作方便。插图是在全世界都能通用的语言。书籍插图美化书籍，说明书籍，属于书籍装饰画。早起的书籍插图除手绘插图外，还有雕版印刷等多种表现形式，是人类最古老的一大画种。

插图属于"大众传播"领域的视觉传达设计（visual communication design）范畴。最基本的含义是"插在文字中间帮助说明内容的图画"。中国古代因插图出现的形式不同，故名称各异，如宋元小说中的卷头画则为"绣像"，而表示章回故事的称为"全图"。插图的英文单词通常称为 illustration。在中世纪《圣经》手抄本中称 illumination，指《圣经》或祈祷文中的装饰性文字和图案造型。Illumination 是英格兰撒克逊语系的 lim-limm（绘画之意）和法兰西语系的 luminer（给予光彩、发光之意）两者的折中语。在拉丁文的字义里，原来是"照亮"的意思。顾名思义，它是用以增加刊物中文字信息的趣味性的。现代插图是指视觉形象说明、论证文字的概念或图示事情的经过。现代插图有狭义和广义之分。狭义的插图概念指插画，即用来论证和说明的绘画作品；而广义的插图概念指可以作为说明和论证的视觉材料，如插画、图表、摄影等（图 2-42）。

图 2-42　爱德温·阿贝《菲玛塔之歌》插图

书籍插图的功能主要是：作为文字的补充内容丰富图书的形式，让读者在阅读图书时得到美的享受，激发购书者购买兴趣，用画面来增强书籍内容的说服力并强化文化作品的感染力。设计是活跃书籍内容的一个重要因素。有了它，能增强书籍的形式美，更能发挥读者的想象力和对内容的理解力，并获得一种艺术的享受。现代书籍装帧设计旨在营造一个形神兼备、表情丰富的生命体，而这仅靠文字的变化是永远达不到的。插图是书籍装帧设计中独创性较强、艺术性较浓的一项，有着文字不具备的特殊的表现力。

二、书籍插图的起源与发展

书籍插图自古有之，中国现存最早的书是写在丝帛和竹木上的，最早的插图就是于1942年长沙楚墓出土的帛书插图，帛书中间是文字，四周绘有十二神像，采用工笔重彩勾线平涂画法，距今2200多年。到了唐代发明了雕版印刷复制技术，发明了木版插图，创作出了人类最早的印刷品——《金刚经》（图2-43），由此开创了由唐至清这一光辉灿烂的木版插图时代。

图 2-43 《金刚经》扉画

宋元时期，因经济和文化的发展、印刷术的普及尤其是雕版技术的发达，书籍插图日趋成熟。其表现领域从最早的宗教，扩大到戏剧、小说、散文、诗歌等各种文学体裁。同时也出现了文学插图。明清时期是一个小说文学的繁荣期，也是人文科学、自然科学、社会科学的一个重大沉淀期。这一时期，书籍版画插图空前繁荣，是我国版画插图的黄金时代。著名的文学作品如《西厢记》《水浒传》《红楼梦》等都有不止一种的木刻插图版本（图2-44）。

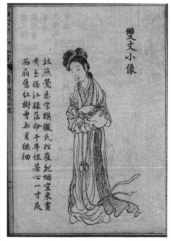

图 2-44　明清时期的小说木刻插图

民国时期，书籍插图面貌更为丰富。手法上出现了形式多方探索的新格局，风格上借鉴传统和吸收国外插图艺术。鲁迅、丰子恺、陶元庆等画出了许多插图精品（图2-45、图2-46）。新中国成立以后，书籍插图有了更大发展。有国画插图、版画插图、装饰性插图，还有一种连续性的书籍插图特例——连环画（图2-47）。

图 2-45　《阿 Q 正传》插图　丰子恺设计　　图 2-46　《哪怕你，铜墙铁壁！》插图　鲁迅设计

图 2-47　连环画插图

　　国外书籍插图的发展与我国相似，最先运用于宗教读物中。在西方早期书籍插图见于宗教读物的手抄本属于绘画插图。随着德国的古登堡发明了金属活字印刷，书籍插图也得到了迅速的发展。20 世纪 60 年代的波普艺术也对书籍插图影响巨大。90 年代，美国、日本等国家的书籍出版量非常大，给书籍插图创造了很好的条件。日本漫画作品当时风靡一时（图 2-48）。

图 2-48　国外书籍插图

三、书籍插图设计的分类

　　书籍插图设计按书籍类别可以分为两类。一类是文艺性的插图。画者通过选择书中有意义的人物、场景和情节，用绘画形象表现出来，可以增加读者阅读书籍的兴趣，使可读性和可视性结合起来，从而加深对原著的理解，同时又得到不同程度的美的享受。另一类是指科技、天文、地理、军事等学科书籍中间的技术性插图（图 2-49）。这类插图以帮助读者进一步理解知识内容，以达到文字难以表达的作用。它的形象语言应力求准确、实际，并能说明问题。一个苹果的照片能帮助我们看到非常客观的形状、颜色、结构和质感。 一粒种子的说明图，不仅能再现它的形状、结构，而且能把它在土壤中发芽的过程体现出来。

图 2-49　技术性插图

插图还可细分为情节性插图、肖像性插图和装饰性插图。情节性插图一般指人物形象通过文学中的特定情节表现出来，也可用环境来衬托。如《水浒传》插图《鲁智深拳打镇关西》（图 2-50），就是根据书中故事情节所画，在构图上概括强调，不受画面空间的局限。情节性插图符合人民群众的欣赏习惯，可以使读者了解到每一个重要事件的主要过程，内容情节也非常完整。

图 2-50　《水浒传》插图

肖像性插图在中外文学著作中占有很重要的地位，我国古典小说常在书名上标明"全本绣像"字样，书中都在卷首附有小说中主要人物的图像，帮助读者更具体的欣赏小说中的人物性格和容貌，这类图像叫绣像，也叫肖像画。绣像画着重通过人物外貌和简单的道具来刻画人物内心世界和性格特征，是画家根据文学传记臆想所创造的（图2-51）。

图 2-51 《红楼梦》插图

装饰性插图的形式是从生活中提炼出来，变为程式化的描绘，它不是生活的如实描写，而是加以极大的变形、夸张、图案化，它的艺术表现手法有一定的程式，强调韵律、节奏、对称等形式美。可吸收如装饰纹、画像石、木板年画等民间、民族传统艺术上的装饰手法。装饰性插图适合于一定的文学内容、体裁和写作风格，如民间故事、诗歌、神话等（图2-52）。

图 2-52 《神笔马良》装饰性插图 张光宇设计

四、插图的表现形式

根据制作工具的不同，插图主要有手绘、电脑制作、摄影、版画（木版、石版、铜版等）四大类。

1. 手绘插图

手绘插图以其人性化、更具亲和力等特点，越来越受到人们的重视和喜爱。一幅成功的手绘插图作品，往往创意新颖、颜色搭配合理，能够吸引人们的注意力，同时能和书籍的内容相联系，可以起到画龙点睛、烘托整体阅读氛围的作用。相对于电脑制作插图而言，手绘插图的视觉效果更具有亲和力、更富有艺术感染力，更能营造出一种个性化与人性化的气氛（图 2-53、图 2-54）。

图 2-53　手绘插图

图 2-54　手绘插图

手绘插图表现方法有铅笔、钢笔、蜡笔、油画棒、水粉、水彩、丙烯、马克笔等。

2. 电脑制作插图

现在图像类软件具有非常强大的图像处理功能，能按照需要便捷地处理和修整图像，或者还可以把图片扫描进电脑，再进一步处理成所要达到的视觉效果；图形类软件可以让你方便快捷地绘制出具有理想艺术效果的图形。电脑绘画与制作的使用能使传统手法无法表现出来的效果可以被随心所欲地表现出来，从而极大地提高插图艺术的表现力，因而越来越受到人们的重视（图 2-55、图 2-56）。

图 2-55 电脑制作插图   图 2-56 电脑制作插图

3. 摄　影

摄影是插图中一种具有强大视觉感染力的形式，在目前的书籍装帧设计中的运用较为常见。摄影艺术是以光线、影调、线条和色调等因素构成造型语言，来客观地描绘色彩缤纷的世界，构筑摄影艺术的美。摄影图片在书籍装帧插图中的运用有两种形式：直白表现和经过电脑的处理后表现。直白表现是指摄影图片原封不动地被运用在书籍中，对其色彩与造型不加任何改变。这种手法可以给人以真实、自然的感觉，但也会因为过于真实而显得呆板，缺少生气与变化。所以设计者往往利用电脑图形、图像处理软件对摄影图片进行处理，从而制造出具有各种独特形式意味的效果，消除单纯摄影图片带来的单调感。摄影插图很逼真无疑很受欢迎，但印刷成本高，而且有的插图受到条件限制而通过摄影难以达到，如科幻作品，这就必须靠手绘创作或电脑设计（图 2-57、图 2-58）。

图 2-57 摄影插图   图 2-58 摄影插图

4. 版　画

版画是美术中的一个重要门类，包括木刻、铜刻、石印和套色漏印等类别。它所具有的独特的刀味与木味等特点使它在中国文化艺术史上占有独特的艺术价值与地位。20 世纪 30 年代由鲁迅发起的新兴木刻版画运动，使传统的木刻版画焕发了新的生命力。由于木刻版画选题关注社会现实问题、创作技法通俗易懂、艺术感染力强烈，它在我国一直受到广大人民群众的喜爱（图 2-59）。

图 2-59　版画插图

五、书籍插图设计的艺术特征

1. 从属性

插图的形式、风格、内容、色彩、放置的位置、大小等都与书籍的整体设计有着密切的关系，要考虑配置上与版面风格的一致性等。插图是图与文紧密配合的一种艺术，它和一般绘画的区别简而言之就在一个"插"字上。因为要符合插图的要求，首先就必须吻合所对应的作品的内容。插图是为了从形象上辅助文字之不足，因此无论为什么样的书籍插图，都要与文稿精神相统一。其次插图作为装帧的一部分，就要适应装帧的要求，服从版面装饰的要求。最后插图还要结合印刷条件，考虑表现形式与印刷工艺之间的适应因素，这些限制都体现了书籍插图的从属性。

2. 独立性

书籍设计中插图具有从属性的特征，但是并不意味着插图本身就是对本文的描摹，插图艺术既有绘画、摄影的一般规律及要素，如构思、构图、造型、色彩等，又具有其自身的特殊规律即个性。好的艺术插图本身就是一件艺术作品。苏联插图艺术家维列斯基曾说过："插图不是文字的尾巴，它应把文字作为依据，树立独创性，好的插图不需要加标题说明，更不需要从书中引话，只要读者看了插图就能去着重体会文学，唤起丰富的想象。"

3. 整体性

在书籍设计中，插图的应用往往也具有整体性的特征，从而能够更好地体现书籍装帧的统一性。比如某个插图贯穿书籍始终，或者在系列书籍当中，插图角色表现出造型风格的统一性。插图作为书籍整体构成元素之一，必须统一在全局下进行，在创作、选择、应用上要在整体美的形式法则中，创造出吻合书籍内容的新意图。

4. 审美性

插图的存在对书籍起着美化的作用。插图本身就是书籍内容审美形式的再现。插图的使命是读者通过阅读图片使其思想进入读者的心灵。因此，插图语言通过最为直观的画面表达，以期达到最为深刻的视觉效果，这就是插图艺术的形象美及审美价值。一件优秀的插画作品总是具有较强的创造性的，创造性的价值体现在不断地打破固有的陈旧格局，将精神内涵和个人风格融为一体，越来越多地把具象、抽象形态整合起来，运用在形式美中，以崭新的面貌展示给读者，体现一种个性美。

第四节　书籍版式设计

实训目的：通过对书籍版式设计的概念和版式设计风格、原则等方面知识的学习，明确书籍版式设计的重要性。通过训练，能用悦目、艺术化的组织来更好地突出主题，使书籍版面产生清晰的条理性，传达明快的信息，达成最佳的诉求效果，更好地烘托出书籍内容与阅读氛围。同时通过将中国传统元素与现代书籍装帧相结合，能设计出具有中国文化韵味的现代书籍作品。能够根据理论知识，确定与完善自己所做的书籍版面设计。

实训内容：版式设计的概念、基本原则、风格、形式美法则、分类，封面版式设计、书籍内页版式设计的基本流程。

实训课时：10 课时。

实训作业:

- 内容:为《中国国家地理》杂志设计六个页面。
- 要求:版式新颖,体现时代性和文化感。强调图文结合形成的视觉冲击力。

一、版式设计的概念

日本设计理论家、教育家田野永一认为:"根据目的把文字、插图、标志等视觉设计的构成要素,作美观的功能性配置构成,即为版面设计。"版式设计也称版面设计,它是现代设计艺术的重要组成部分,是视觉传达的重要手段,其宗旨是在版面上将文字、插图、图形、颜色色块等视觉元素进行有机的排列组合,并运用造型要素及形式原理,把构思与计划以视觉形式表达出来,使其成为具有最大诉求效果的构成技术,最终以优秀的布局来实现卓越的设计(图 2-60)。

图 2-60 书籍版式设计

书籍的版式设计是指在一种既定的开本上,根据书籍题材的特点,把书稿的结构层次、文字、图表等各构成要素作艺术而又科学的处理,使书籍内部各个组成部分的结构形式,既能与书籍的开本、装订、封面等外部形式协调,又能给读者提供阅读上的方便和视觉享受。所以说,版式设计是书籍设计的核心部分。简单地说,书籍版式设计是指在书籍装帧设计中,对文字、图形进行编排设计。书籍版式设计包含了两层含义:

(1)按照技术规则对版式效果进行技术落实和数据核算。

(2)从艺术探索的角度把握书籍最终版式效果。

书籍版面包括封面、封底、护封、扉页、版权页、前言、目录、正文内页、文学插图、后记、参考文献等内容，是一个完整的体系，涉及文字、图片、段落、章节乃至于页眉、页脚、页码等各种编排元素。通过对文字的排列，字号、字体的选用，图片、图形的编排和栏目的划分来进行统一设计的。设计师的任务就是如何将上述的构成元素，给予读者视觉的完整性和精神上的享受。其目的是版面内容章节分明、层次清晰、和谐统一、富有节奏感。

二、书籍版式设计的基本原则

1. 主题鲜明突出

版式设计的形式本身并不是设计的目的，设计是为了更好地传达信息，其最终目的是使版面产生清晰的条理性，用理性与美观的组织来更好地突出主题，引导读者视线的走向，增进读者对于版面的理解，便于阅读，达到最佳诉求效果。常用方法是按照主从关系的顺序，用放大的主体形象作为视觉中心，以表达主题思想；或是将文案中多种信息作整体编排设计，有助于主题形象的建立；又或是在主题形象四周添加空白量，使被强调的主题形象鲜明突出（图 2-61 至图 2-63）。

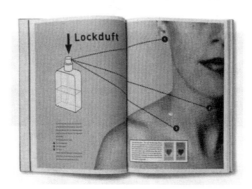

图 2-61

图 2-62

图 2-63

2. 形式与内容统一

版式设计的前提是版式所追求的形式感必须符合主题的思想内容，通过运用完美、新颖的形式来表达主题。有些设计者为了追求新奇独特的版面风格，采用了与内容不相符的字体和图形，效果往往会适得其反，这样的书籍自然也不会受到消费者的青睐。

3. 强化整体布局视觉美感

整体布局是指将版面的各种编排要素在编排结构及色彩上作整体设计，使整体的结构组织更合理，更有秩序感。这也是版式设计的重要任务。

（1）加强整体的结构组织和方向视觉秩序。如水平结构、垂直结构、斜向结构和曲线结构等（图 2-64）。

（2）加强文案的集合性。将文案中多种信息组合成块状，使版面更具有条理性（图 2-65）。

图 2-64　　　　　　　　　　　　　　　图 2-65

（3）加强开页的整体性。无论是产品目录的展开页版还是跨页版，均为同视线下展示，因此加强整体性，可获得更好的视觉效果（图 2-66）。

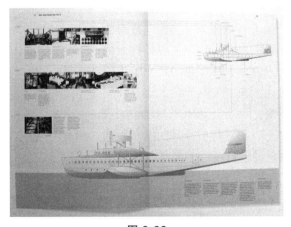

图 2-66

（4）加强色彩的整体性。例如采用一种色彩、一种大色调（近似色）或互补色等（图 2-67）。

图 2-67

三、版式风格

书籍的版式虽有众多的表现形式，但总的来说可以归纳为三种主要的设计风格，即古典版式设计、网格版式设计和自由版式设计。三种版式风格各具特点。

1. 古典版式设计

15 世纪中期，德国人谷登堡对《圣经》进行的版式设计，是现存于世的版式设计方式中最古老的一种版式设计，距今已经有五百多年的历史，我们把它叫作古典版式设计。该版式设计在书籍设计史上统治欧洲数百年不变，至今仍处于主要地位。这是一种以订口为轴心左右页对称的形式。内文版式有严格的限定，字距、行距有统一的尺寸标准；天头地脚内外白边均按照一定的比例关系组成一个保护性的框子；文字油墨深浅和嵌入版心内图片的黑白关系都有严格的对应标准（图 2-68）。

图 2-68　古典版式设计

2. 网络版式设计

网络版式设计产生于 20 世纪初期的西欧诸国，完善于 20 世纪 50 年代的瑞士。可以说，它是伴随着现代文明而产生的。其风格特点是运用严格的数学比例关系，通过严格的计算把版心划分为无数统一尺寸的网格，将版心中的网格分为若干栏，由此规定了一定的标准尺寸，运用这个标准尺寸的控制，安排文字和图片，使版面取得有节奏的组合，产生优美的韵律关系。网格版式设计的形式多样，有正方形网格、长方形网格、栏目宽度不同的网格等，我们在设计时可以根据所设计书籍的不同类型来选择不同的网格形式。网格版式设计与古典版式设计相比，它重视比例感、秩序感、连续感、清晰感、时代感、整体感，具有一定的节奏变化和优美的韵律关系，但是此版式设计仍然有较强的限制性，缺乏自由创作的空间，容易给版面带来呆板的感觉（图 2-69）。

图 2-69　网络版式设计

3. 自由版式设计

自由版式的雏形源于未来主义运动，后来在世界范围广泛流行。自由版式设计以感性为基础，字面理解就是无任何限制的设计。它是通过版式编排的自身元素自由组合排列的设计方式，给人以人性化和自由多变的版式，传达给受众一种形式美的体验。在自由版式设计中，根据版面的需要，某些文字能够融入画面而不考虑它的可读性，同时又不削弱主题，重要的是按照不同的书籍内容赋予它合适的外观（图 2-70）。

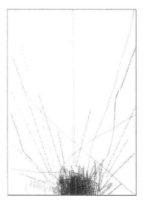

图 2-70　自由版式设计

在书籍设计中，上述三种风格的版式设计是并行使用的。我们要有机、灵活地运用各种版式设计形式，充分发挥其优越性，让现代书籍设计艺术变得更具活力。

四、版式设计的形式美法则

1. 对比与统一

对比是指把反差很大的两个视觉要素在版面上配列在一起，并能够把构成各种强烈对比的因素协调起来。对比的应用是版式设计取得强烈效果的最重要的方法，它包括版面中的图片与文字对比、大小对比（图 2-71）、黑白对比（图 2-72）、动静对比、曲直对比（图 2-73）等。它能使主题更加鲜明，视觉效果更加活跃。版式设计最基本的原则是无论文字或图片的版面安排怎样新奇和变化，都要使版面在视觉上具有统一感。

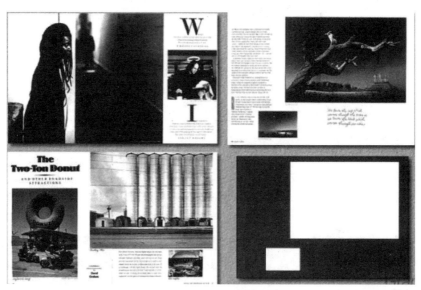

图 2-71　大小对比

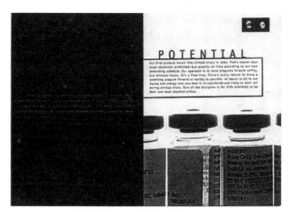
图 2-72 黑白对比

图 2-73 曲直对比

2. 对称与均衡

对称的形态在视觉上能给人自然、安定、均匀、协调、整齐、典雅、庄重、完美等感受，符合人们的视觉习惯。对称可以整齐也可以稍有变化。对称是版式设计的一个重要的设计原则，最常见的是绝对地将一行标题放在正中间，均分左右两侧的空白。在版式设计上的均衡并非力学上的平衡，它是由形象的大小、轻重、色彩及其他视觉要素的分布作用于视觉判断而产生的平衡。均衡的变化富于变化和趣味，它打破了对称的单调感，使版面具有生动、活泼等特点，能引发读者的情感，使读者的视线追随版式的文字、线条、图片重力而移动（图 2-74）。

图 2-74 对称与均衡

3. 力场与重心

在书籍版式中,版面的重心位置和视觉的安定有紧密的关系。通常人的视线接触画面后,视线常常迅速由左上角移向左下角,再通过中心位置至右上角经右下角,然后回到画面中最吸引人视线的中心点停留下来,这个中心点就是视觉的重心。版面中所要表达的主题或重要的内容一般情况下不应偏离视觉重心太远。

力场是指人对于版面上的一些视觉元素的编排产生的心理上的感受力。如将版面重心置于上方时,会给人以轻松、飘飞和自由的感觉,反之如果把版面重心置于下方,会给人下沉、压抑、束缚但稳定、沉重的感觉(图 2-75、图 2-76)。

图 2-75   图 2-76

4. 节奏与韵律

节奏与韵律是一对孪生姊妹,节奏是反复、机械之美,而韵律是情调在节奏中的作用。节奏也称律动,即同一单元连续重复所产生的运动感。在版式设计中,韵律可以在文字词句的重复中,以及行距空白的反复中存在,并且以有组织、有变化的相互交替在同一版式中产生艺术的魅力(图 2-77、图 2-78)。

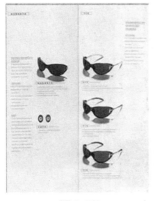

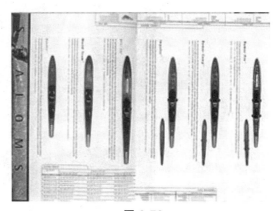

图 2-77   图 2-78

5. 比 例

比例是指形的整体与部分，部分与部分之间的一种比率关系。在版面上为了追求特定的比例关系，往往采用分割的手法，以达到秩序、明确、有层次性等效果。比例法则是实现形式美感的重要基础，达·芬奇说："美感完全建立在各部分之间神圣的比例关系上。"版面的比例，我们可以采用"三三黄金律"（两条垂直线和两条水平线交汇的四点，是视觉中心）、"四分法"（版面作纵三横四分割，几个相邻矩形组合一起，形成美丽的匀称和平衡）、"黄金分割"理论（长宽之比为 1：0.618，以此设定字号的大小、线条的粗细、围框的大小、点线面组合的比例）等，达到版面视觉的均衡。

6. 空 白

在大多数情况下，读者只对版式上的文字、图片、装饰纹感兴趣，至于空白，很少有人去过问。空白，从审美的角度上衡量，它与文字和图形具有同等重要的意义。自古画论就有"以白计黑，以黑计白"之说。

版式空白乃版式的间隙、间隔，是调整阅读时的"视觉缓衡"，空白也同时造成视觉的集中，醒目突出，使读者在视觉上有轻松愉悦、洒脱不羁之感（图 2-79）。

图 2-79 空白

五、书籍版式设计的分类

文字、图形、色彩在版式设计中是三个密切相连的表现要素，就视觉语言的表现风格而言，在一本书中要求做到三者相互协调统一。书籍本身有许多种形式，在版式设计上也要求各异。

1. 文字群体编排

文字群体的主体是正文，全部版面都必须以正文为基础进行设计。一般正文都比较简单朴素，主体性往往被忽略，常需要用书眉和标题引起注目。然后通过前文、小标题将视线引入正文。

文字群体编排的类型有：

（1）左右对齐：将文字从左端至右端的长度固定，使文字群体的两端整齐美观（图 2-80）。

（2）行首取齐：行尾听其自然将文字行首取齐，行尾则随其自然或根据单字情况另起下行（图 2-81）。

（3）取齐：将文字各行的中央对齐，组成平衡对称美观的文字群体（图 2-82）。

（4）行尾取齐：固定尾字，找出字头的位置，以确定起点，这种排列奇特、大胆、生动（图 2-83）。

图 2-80　左右对齐　　　　　　　　　　　图 2-81　行首对齐

图 2-82　取齐　　　　　　　　　　　　　图 2-83　行尾对齐

2. 图文配合的版式

图文配合的版式，排列千变万化，但有一点要注意，即先见文后见图，图必须紧密配合文字。

（1）以文字为主的版式。它指以文字为主要视觉元素，也有少量图片的版式，在设计时要考虑书籍内容的差别。在设计时要考虑到版式的空间强化，通过将文字分栏、群组、重叠等变化来形成美感，使平淡的版式变得美观生动和有表现力（图2-84）。

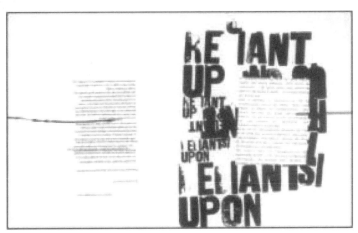

图 2-84

（2）以图为主的版式。版面只有少量文字，以图片为主要视觉要素的版式。如儿童书籍以插图为主，文字只占版面的很少部分，有的甚至没有文字，除插图形象的统一外，版式设计应注意整个书籍视觉上的节奏，把握整体关系。

图片为主的书籍还有画册、画报和摄影集等。这类书籍版面率比较低，在设计骨骼时要考虑好编排的几种变化。有些图书需少量的文字，在编排上与图片的色调上要区分开，构成不同的节奏，同时还要考虑与图片的统一性（图2-85）。

图 2-85

（3）图文并重的版式。一般文艺类、经济类、科技类等书籍，采用图文并重的版式。可根据书的性质，以及图片面积的大小进行文字编排，可采用均衡、对称等构图形式（图2-86）。

现代书籍的版式设计在图文处理和编排方面，大量运用电脑软件来进行综合处理，带来许多便利，也出现了更多新的表现语言，极大地促进了版式设计的发展。

图片在版式设计中，占有很大的比重，视觉冲击力比文字强 85%；也有这样一说，一幅图版胜于千字。但这并非语言或文字表现力减弱了，而是说图片在视觉传达上能辅助文字，帮助理解，更可以使版面立体、真实。因为图片能具体而直接地把我们的意念高素质、高境界地表现出来，使本来物变成强而有力的诉求性画面，充满了更强烈的创造性。图片在排版设计要素中，形成了独特的性格，成为吸引视觉的重要素材，具有视觉效果和导读效果。图片的位置、图片的面积、图片的数量、图片的方向等都会影响到版式的效果。

图 2-86

图片放置的位置，直接关系版面的构图布局，版面中的左右上下及对角线的四角都是视线的焦点。在这个焦点上恰到好处地安排图片，版面的视觉冲击力就会明显地表露出来。编排中有效地控制住这些点，可使版面变得清晰、简洁而富于条理性（图 2-87）。

图 2-87

图版面积的大小安排，直接关系版面的视觉传达。一般情况下，把那些重要的、吸引读者注意力的图片放大，从属的图片缩小，形成主次分明的格局，这是排版设计的基本原则。跨页的图片具有视觉、心理震撼力（图 2-88）。

图片数量的多寡，可影响到读者的阅读兴趣。如果版面只采用一张图片时，那么，其质量就决定着人们对它的印象。往往这是显示出格调高雅的视觉效果之根本保证。增加一张图片，往往就变为较为活跃的版面了，同时也就出现了对比的格局。图片增加到三张以上，就能营造出很热闹的版面氛围了，非常适合于普及的、热闹的和新闻性强的读物。有了多张照片，就有了浏览的余地。数量的多少，并不是设计者的随心所欲，而最重要的是根据版面的内容来精心安排（图 2-89）。

图 2-88　　　　　　　　　　　　　　　　　图 2-89

图片方向的强弱，可造成版面行之有效的视觉攻势。方向感强则动势强，产生的视觉感应就强。反之则会平淡无奇。图片的方向性可通过人物的运势、视线的方向等方面的变化来获得，也可借助近景、中景和远景来达到（图 2-90）。

图 2-90

六、书籍版式设计的基本流程

1. 先确定版心

版心也称版口，指书籍翻开后两页成对的双页上容纳图文信息的面积。版心的四周留有一定的空白，上面叫做上白边，下面叫做下白边，靠近书口和订口的空白叫外白边和内白边。也依次称为天头、地脚、书口和订口（图 2-91）。这种双页上对称的版心设计我们称为古典版式设计，是书籍千百年来形成的模式和格局。

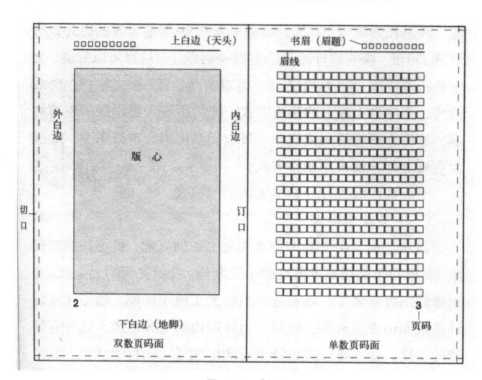

图 2-91 版心

版心在版面的位置，按照中国直排书籍的传统方式是偏下方的，上白边大于下白边，便于读者在天头加注眉批。而现代书籍绝大部分是横排书籍，版心的设计取决于所选的书籍开本，要从书籍的性质出发，方便读者阅读，寻求高和宽、版心与边框、天地头和内外白边之间的比例关系。

2. 确定排式

排式是指正文的字序和行序的排列方式。我国传统的书籍大都采用直排方式，即字序自上而下，行序自右而左。这种形式是和汉字书写的习惯顺序一致的。现在出版的书籍，绝大多数采用横排。横排的字序自左而右，行序是自上而下。横排形式适宜于人类的眼睛的生理结构，便于阅读（图 2-92）。

字行的长度，也有一定的限制，一般不超过 80 ~ 105 mm。可容纳正常五号汉字 27 个左右，四号汉字 20 个左右。如果行宽超越这一范围，读者必须频繁转动头部，容易错行。有较宽的插图或表格的书籍，要求较宽的版心时，最好排成双栏或多栏。

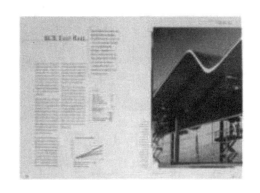

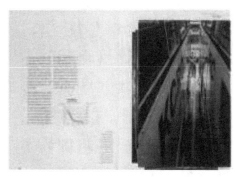

图 2-92　排式

3. 确定字体、字号

字体是书籍设计的最基本因素，它的任务是使文稿能够阅读，字形在阅读时往往不被注意，但它的美感随着视线在字里行间里移动，会产生直接的心理反应。因此，当版式的基本格式定下来以后，就必须确定字体和字号。常用设计字体有宋体、仿宋体、楷体、黑体、圆体、隶书、魏碑体、综艺体等。

宋体的特征是字形方正，结构严谨，笔画横细竖粗，在印刷字体中历史最长。用来排印书版，整齐均匀，阅读效果好，是一般书籍最常用的主要字体。

仿宋体是模仿宋版书的字体。其特征是字形略长，笔画粗细匀称，结构优美，适合排印诗集和短文，或用于序、跋、注释、图片说明和小标题等。由于它的笔画较细，阅读时间长了容易损耗目力；效果不如宋体，因此不宜排印长篇的书籍。

楷体的间架结构和运笔方法与手写楷书完全一致，由于笔画和间架不够整齐和规范，只适合排小学低年级的课本和儿童读物，一般的书不用它排正文，仅用于短文和分级的标题。

黑体的形态和宋体相反，横竖笔画粗细一致，虽不如宋体活泼，却因为它结构紧密、庄重有力，常用于标题和重点文句。由于色调过重，不宜排印正文。而由黑体演变而来的圆黑体，具有笔画粗细一致的特征，只是把方头方角改成了圆头圆角，在结构上比黑体更显得饱满，有配套的各种粗细之分（图 2-93）。

书籍装帧设计 （宋体）

书籍装帧设计 （仿宋）

书籍装帧设计 （楷体）

书籍装帧设计 （隶书）

书籍装帧设计 （大宋）

书籍装帧设计 （长美黑）

书籍装帧设计 （细等线）

书籍装帧设计 （小标宋）

书籍装帧设计 （粗圆）

书籍装帧设计 （细圆）

书籍装帧设计 （超粗黑）

书籍装帧设计 （粗圆）

书籍装帧设计 （大标宋）

书籍装帧设计 （琥珀体）

书籍装帧设计 （综艺简体）

图 2-93　汉字字体

也有一些字体电脑字库里是没有的，需要直接借助电脑软件创制，还有些字体，需要靠手绘创制出基本字形后，再通过扫描仪扫描在电脑软件中加工（图 2-94）。每本书不一定限用一种字体，但原则上以一种字体为主，他种字体为辅。在同一版面上通常只用两至三种字体，过多了就会使读者视觉感到杂乱，妨碍视力集中。

图 2-94　外文字体

字体的字号是表示字体面积大小的术语。点数制是世界流行计算字体的标准制度。"点"也称"磅"，由 point 翻译而来，缩写为"P"，点数只能按字身的长度计算，每一点等于 0.35 毫米。书籍正文用字的大小直接影响到版心的容字量。在字数不变时，字号的大小和页数的多少成正比。一些篇幅很多的廉价书或字典等工具书不允许太大太厚，可用较小的字体。相反，一些篇幅较少的书如诗集等可用大一些的字体。一般书籍排印所使用的字体，9P～11P 的字体对成年人连续阅读最为适宜。8P 字体使眼睛过早疲劳。但若用 12P 或更大的字号，按正常阅读距离，在一定视点下，能见到的字又较少了。大量阅读小于 9P 字体会损伤眼睛，应避免用小号字排印长的文稿。儿童读物须用 36P 字体。小学生随着年龄的增长，课本所用字体逐渐由 16P 到 14P 或 12P。老年人的视力比较差，为了保护眼睛，也应使用较大的字体。

4. 确定字距和行距

字距指文字行中字与字之间的空白距离，行距指两行文字之间的空白距离。字距与行距的把握是设计师对版面的心理感受，也是设计师设计品味的直接体现。一般图书的字距大都为所用正文字的五分之一宽度，行距在常规的比例应为：用字 8 点行距则为 10 点，即 8∶10。但对于一些特殊的版面来说，字距与行距的加宽或缩紧，更能体现主题的内涵。但无论何种书，行距要大于字距。

5. 确定版面率

版面率是指文字内容在版心中所占的比率。版面中文字内容多则版面率高，反之则低。从一定角度上讲，版面率反映着设计对象在价格方面的定位。在现实的设计过程中，要求设计者认真地对设计对象的内容、成本，以及开本的大小、设计风格等诸多因素进行全面的考虑，从而最后确定设计稿的版面率。

6. 按已定书籍开本比例确定文字和插图的位置

版面的设计取决于所选的书籍开本，要从书籍的性质出发，寻求高与宽、版心与边框、天地头和内外白边之间的比例关系。还要从整体上考虑分配至各版面的文字和插图的比量。

7. 定　稿

将版式设计稿交客户过目，与客户多次沟通思想，交换意见后，完善设计稿，再经客户审完后定稿，然后在电脑上制作制板用的正稿。

七、版式中正文设计的其他因素

版面设计中，除确定版面率，确定规范字体、字的大小、字距及行距外，还会涉及正文设计中的其他因素。

1. 重点标志

在正文中，一个名词、人名或地名，一个句子或一段文字都可以用各种方法加以突出使之醒目，引起读者注意。在外文排版中，斜体是最有效和最美观的突出重点的方法。在中文排版中，一般用黑体、宋黑体、楷体、仿宋体及其他字体，以示区别正文。

2. 段落区分

一般书籍的正文段落区分采用缩格的方法。每一段文字的起行留空，一般都占两个字的位置，也就是缩两格，但多栏排的书籍，每行字数不是很多时，起行也有只空一格的。段落起行的处理是为了方便阅读，也有一些书，从书籍的性质和内容出发，采用首写字加大、换色、变形等方法。

3. 页　码

页码用于计算书籍的页数，可以使整本书的前后次序不致混乱，是读者查检目录和作品布局所必不可少的。多数图书的页码位置都放在版心的下面靠近书口的地方，与版心距离为一个正文字的高度。有将页码放在版心下面正中间的，也有放在上面、外侧和里面靠近订口的。排有页标题的书籍，页码可与页标题合排在一起。也有一些图书，某页面为满版插图时，或在原定标页码部位被出血插图所占用，应将页码改为暗码，即不注页码，但占相应页码数。还有一些图书，正文则从"3、5、7"等页码数开始，而前面扉页、序言页等并没排页码，这类未标页码的前几页码被称之为空页码，也占相应页码数。页码字可与正文字同样大小，也可大于或小于正文字，有些图书页码还衬以装饰纹样、色块。但页码的装饰和布局必须统一在整个版面的设计中，夸大它的重要性是不必要的（图2-95）。

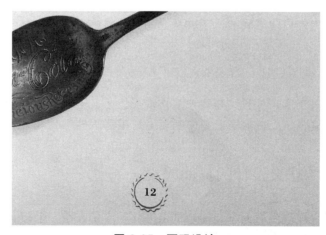

图 2-95　页码设计

4. 页眉（页标题）

页眉指设在书籍天头上比正文字略小的章节名或书名。页码往往排在页眉同一行的外侧，页眉下有时还加一条长直线，这条线被称为书眉线。页眉的文字可排在居中，也可排在两旁。通常放在版心的上面，也有放在地脚处。页眉的设计要求精致、简洁、集中。作用是装饰版面，增加视觉层次，区分栏目信息。

5. 标　题

书籍中的标题有繁有简，一般文学创作仅有章题，而学术性的著作则常常分部分篇，篇下面再分章、节、小节和其他小标题等，层次十分复杂。为了在版面上准确表现各级标题之间的主次性，除了对各级字号、字体予以变化外，版面空间的大小、装饰纹样的繁简、色彩的变换等都是可考虑的因素。重要篇章的标题必要时可从新的一页开始，排成占全页的篇章页。

标题的位置一般在版心 1/3 到 1/6 的上方（图 2-96）。也有追求特殊效果把标题放在版心的下半部的。应避免标题放在版心的最下边，尤其在单页码上，更要注意，要使标题不脱离正文。

副标题在正标题的下面，通常用比正标题小一些的另一种字体。

图 2-96　标题设计

第五节　系列丛书设计

实训目的：系列丛书设计中，有系列感的设计元素包括版式、图形的变化、色彩的运用效果、数的形态、装帧等。通过训练，培养学生在系列丛书设计中对书籍组成元素的把握能力。

实训内容：书籍纸张、制版工艺的选择和应用、印刷工艺的选择和应用、书籍的装订方法。

实训课时：12 课时。

实训作业：

• 内容：设计一套介绍中国民间工艺的系列丛书，包括《中国陶瓷工艺美术》《中国民间剪纸》《中国民间皮影》《中国刺绣工艺》《中国民间布艺》《中国民间木雕》《中国民间年画》等选择内容。

● 目的：通过系列丛书的设计，能对书籍做一个整体的设计构思。理解构成系列丛书的要素与统一感形成的条件。

● 要求：整套书体现中国民族特色，同时也要符合现代人的审美习惯。要求图文并茂，有一定的收藏价值，系列感强，且个性鲜明材质不限。设色不限，装帧形式不限，可在定价范围内做适当的创新设计。

丛书，或称丛刊、套书，是指把各种有一定关联的、单独的著作汇集起来，给它冠以总名的一套书。它通常是为了某一特定用途，针对特定的读者对象或围绕一定主题内容而编纂。我国的丛书始于南宋，此后历代都有编撰丛书。较为著名的为《四库全书》（图 2-97）。

图 2-97 《四库全书》

一套丛书中的各书均可独立存在，除了共同的书名（丛书名），各书都有其独立的书名；有整套丛书的编者，也有各书独立的编著者，且多由一个出版社出版。构成有系列感的书籍设计元素主要有版式、图形的变化、色彩的运用效果、书型、装帧等。

一、丛书版式的设计

版式设计是书籍形成系列感组成元素中视觉传达的重要手段。它是指在版面上将文字、插图、图形等视觉元素进行有机的、固定的排列组合，通过整体形成的视觉感染力与冲击力、节奏感与韵味将书籍内容的框架个性化地表现出来，以相似的布局来展现书籍设计的系列感（图 2-98）。

图 2-98　版式设计相同的丛书

二、丛书图形的变化与色彩处理

有些系列性书籍为了突出同一系列不同内容书籍的个性化特点，丰富书籍的视觉效果，便采用固定版式框架，将样式不同、风格接近的图形填充于固定的图形框架上，从而产生既有系列感又有图形变化的丰富视觉效果（图 2-99）。

图 2-99　儿童系列丛书

在形成书籍系列感的元素中不可忽视色彩的作用。系列丛书中使用相同的色彩或采用与其中一种书籍色彩相同的处理手法（如色彩渐变或色彩肌理相同等）也同样可以起到形成系列感的作用（图 2-100）。

图 2-100　*FASHION*

三、丛书书型与装帧

能构成书籍系列感的元素还包括相同的开本、装帧形式、材质等。

第三章　书籍的装帧与印艺设计

实训目的：了解现代制版、出片、印刷、装订等工艺流程的基本原理；了解印刷与设计的关系，印刷与材料的关系；掌握简单的装订工艺。

实训内容：书籍纸张、制版工艺的选择和应用、印刷工艺的选择和应用、书籍的装订方法。

实训课时：2课时。

实训作业：（1）找出不同装订方式的书各一本。

　　　　　（2）尝试用线装装订一本书。

一、书籍纸张

"纸"作为我国古代四大发明之一，大大地促进了文化的传播与发展，实现了书籍制作材料的伟大变革，在中国书史上具有划时代的意义。

到目前为止，纸张是印刷中最主要的书籍设计承载材料，纸张作为书籍设计的一种语言，是书籍设计的重要表现形式。不同的纸张具有不同的性能和用途，且纸张质地不同，其印刷效果也各不相同。

纸张的种类非常繁多，在印刷用纸中，又根据纸张的性能和特点分为：用于各种新闻报刊的新闻纸；用于胶版印刷书刊、杂志、课本、封面、插图、彩色图片等的双胶纸；用于练习本、记录本、账本的书写纸；还有用于单面彩色印刷和纸盒包装的铜版纸。

一些高档印刷品还广泛地采用种类繁多的特种纸。特种纸的运用更是为书籍设计的表现增添了更广泛的空间。一些特种纸具有可压缩性和可折叠性，广泛用于各种平面设计中，尤其是用作高档画册和书籍封面。一些特种纸中隐含着变化无穷的肌理，凡是线的长短、粗细、弯曲、垂直、平行、波动等种种形态的组合排列，都会产生出动与静、强与弱、快与慢、外在与内在的变化和节奏，可以准确地把握内容尺度。比如，由吕敬人、宁成春、朱虹、吴勇四位书籍设计家共同编著、设计的《书籍设计四人说》一书（图3-1），开本为1:2的比例，给人耳目一新的感觉；黑色特种亚光纸烫印黑色有光油墨的四个姓名的标志，似乎使人在快节奏的现代生活中找到另外一处"桃花源"，给人的心灵一个栖息之地。翻开书籍，文化气息扑面而来，那种陶醉让人不亦乐乎。每隔24页出现一次色彩饱和度极高的特种纸，表现出这本书设计的特有韵味；四个人的设计作品融进了四个人与书籍设计的对话；用25种特种纸印制而成，强调了书籍的形态和功能相结合。

图 3-1 《书籍设计四人说》

二、书籍装订

装订是书籍从配页到上封成型的整体作业过程。其中包括把印好的书页按照先后顺序整理、连接、缝合、装背、上封面等加工程序。装订书本的形式可分为中式和西式两大类。中式类以线装为主要形式，其发展过程大致经历了简策装、缣帛书装、卷轴装、旋风装、经折装、蝴蝶装、包背装，最后发展到线装。现代书籍除少数仿古书外，绝大多数都是西式装订。西式装订可分为平装和精装两大类。

1. 平 装

平装，也称"简装"，是铅字印刷以后近现代书籍普遍采用的一种装帧形式。平装书的外观与传统包背装基本一致，只是纸页发展成为双面印刷的单张。它的装订方法比较简易，运用软卡纸印制封面，成本比较低廉，适用于一般篇幅少、印数较大的书籍。平装书常见的订合形式有骑马订、平订、锁线订、无线胶订、活页订等。

（1）骑马订。又称骑缝铁丝订，是将印好的书页连同封面，在折页的中间用铁丝钉牢的方法，适用于页数不多的杂志和小册子。它是书籍订合中最简单方便的一种形式。骑马订的优点是简便、加工速度快，订合处不占有效版面空间，书页翻开时能将书本摊平。而缺点就是书籍牢固度低，不能订合页数较多的书，书页必须要配对成双数才行，并且中间的铁丝容易生锈，故书籍不宜长久保存（图 3-2）。

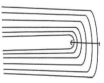

图 3-2 骑马订

（2）平订。它是把印好的书页经折页、配贴成册后，在订口一边用铁丝订牢，再包上封面的装订方法，用于一般书籍的装订。其优点是比骑马订更为经久耐用，缺点是订合要占用一定的有效版面空间，且书页要翻开时书不能摊平（图3-3）。

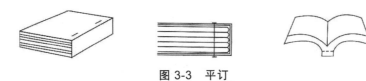

图 3-3　平订

（3）锁线订。锁线订是一种用线将配好的书册按顺序一帖帖逐帖在最后一折缝上将各书页锁链成册，再经贴纱布、压平、捆紧、胶背、分本、包封皮，最后裁切成本的一种订合形式。锁线订比骑马订坚固而又耐用，并且适用于页数较多的书籍。与平订相比，书的外形看不到装订的痕迹，并且书页无论多少都能在翻开时摊平。锁线比较烦琐，成本较高，但牢固，适合较厚或重点书籍，比如词典（图3-4）。

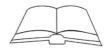

图 3-4　锁线订

（4）无线胶订。它是指不用纤维线或是铁丝订合书页，而用胶水黏合书页的订合形式。常见方法是将经折页、配贴成册的书芯，用不同手段加工，将书籍折峰割开或打毛，用胶水将书页粘牢，再包上封面。无线胶订的优点是经济快捷、翻开时可摊平。但是牢固性差，时间一长，乳胶会老化造成书页的脱落。适合较薄或普通书籍（图3-5）。

图 3-5　无线胶订

（5）活页订。它是指在书的订口处打孔，再用弹簧金属圈或螺纹圈等穿锁扣的一种订合形式。这种订合形式的最大好处就是随时可以打开书籍锁扣调换书页，阅读内容而随意变换（图3-6）。

平装书的订合形式还有很多，如塑线烫订、三眼订等。

2. 精　装

精装书籍在清代已经出现，是西方的舶来品。后来西方像《圣经》《法典》等书籍，多为精装。清光绪二十年，美华书局

图 3-6　活页订

出版的《新约全书》就是精装书。封面镶金字，非常华丽。精装书比平装书用料更讲究，装订更结实，使书经久耐用。精装书特别适合于质量要求较高、页数较多、需要反复阅读且具有长时期保存价值的书籍，主要应用于经典、专著、工具书、画册等。精装书的内页与平装一样，多为锁线钉，书脊处还要粘贴一条布条，以便更牢固地连接和保护。护封用材厚重而坚硬，封面和封底分别与书籍首尾页相粘，护封书脊与书页书脊多不相粘，以便翻阅时不致总是牵动内页，比较灵活。书脊有平脊和圆脊之分，平脊多采用硬纸版做护封的里衬，形状平整。圆脊多用牛皮纸、革等较韧性的材质做书脊的里衬，以便起弧。封面与书脊间还要压槽、起脊，以便打开封面。精装书的书籍封面可运用不同的物料和印刷制作方法，达到不同的格调和效果。精装书的封面面料很多，除纸张外，有各种纺织物、丝织品、皮革、人造革、木质等（图3-7）。精装书的订合形式也有活页订、风琴折式（图3-8）、铆钉订合（图3-9）、绳结订合（图3-10）等。精装书印制精美，不易折损，便于长久使用和保存，设计要求特别，选材和工艺技术也较复杂，所以有许多值得研究的地方。

图 3-7　精装书

图 3-8　风琴折式　　　　图 3-9　铆钉订合　　　　图 3-10　绳结订合

三、印前制作和印刷制版

印前指印刷前期的工作，是一门由初始设想转化为印刷品的科学。一般指摄影、设计、制作、排版、出片等。书籍设计的印前分为两个阶段：第一个阶段是指设计稿完成后，原稿的准备、文字图片的输入、修改、校色、版面编排。第二个阶段是校样打印、校对修改、出片、印刷打样，这样经过这两个阶段就完成了印前工作。

目前我国使用的印刷方法主要有凹版、凸版、平版、丝网印刷四大类。

1. 凹版印刷

凹版的印版图文部分低于印刷版面，印刷时先把油墨滚在版面上，油墨落入凹陷的纹印处，随后将平面的油墨刮除干净，以防损坏凹陷部分的图文，然后覆纸加压，使版面低凹部分的油墨移印到纸面上。凹印是极不普遍的印刷工艺，因为造价高。印刷范围主要用于纸币、邮票等有价证券。

2. 凸版印刷

凸版印刷所用的印版，印文高于非印文。其优点是油墨浓厚、色彩鲜艳。但不适合用此方法印刷大开本书籍。成本相对来说最低，印刷范围主要适用于教科书和印刷数量小的报纸、杂志、贺卡等。

3. 平版印刷

平版印刷又叫胶版印刷，指印版的图文和空白部分在同一水平面上，它利用水油相拒的原理在印版版面湿润后施墨，只有图文部分能附着油墨，然后进行直接或间接的印刷。它的应用范围比较广，应用于海报、报纸、书刊，以及其他大批量彩色印刷品。

4. 丝网印刷

丝网印刷也称"丝漆印刷"，它是孔版印刷的一种。把尼龙丝或金属丝绷紧在框上，然后用手工镂刻或照相制版法，在丝网上制成由通孔部分或胶膜填塞部分组成的图像印版。它主要用于礼品印刷、特殊印刷类、玻璃类、花布、其他立体面的印刷等。

第四章　概念书籍设计

实训目的：通过对概念书图片的欣赏，了解创意新颖的书籍形式，明确此类书籍的观念性、突破性与创造性，对设计的观念进行新的定位与审视，培养创造性思维。学生能够设计出富有创意的概念书籍。

实训内容：概念书籍定义、概念书籍形式的突破与创新、概念书籍的探索与创新。

实训课时：12 课时。

实训作业：

- 内容：设计一本概念书籍。
- 要求：书籍的材料、形态、工艺均不限，充分发挥想象力，设计制作出一本精致的概念书籍。

一、概念书籍的定义

概念书籍设计就是对传统图书的观念进行彻底创新，将书籍艺术形态在表现形式、材料（如玻璃、木头、金属）工艺上进行前所未有的尝试，是一种强调观念性、突破性与创造性的视觉艺术，它以崭新的视角和思维去更好地表现书稿的思想内涵，同时在人们对书籍艺术的审美和对书籍的阅读习惯以及接受程度上寻求未来书籍的设计方向。概念书远远超过一般人对数的理解和想象，它甚至可以彻底脱离纸张，脱离书籍模式的约束，以不同材质、不同方式为媒介来进行设计。概念书籍设计是一种彻底的思想解放（图 4-1）。

对于概念书的设计，要求设计师在专业上必须具备熟练的专业技巧、超前的设计理念、良好的洞察力，以及更高的视角。只有了解到社会和读者的需求，设计师做出的设计才能被读者、作者、出版者所接受。概念书

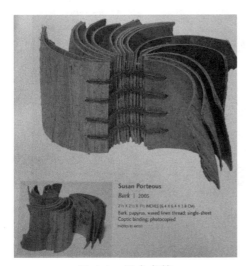

Susan Porteous
Bark | 2005
2½ X 2½ X 1½ INCHES (6.4 × 6.4 × 3.8 CM)
Bark: papyrus, waxed linen thread: single-sheet
Coptic binding: photocopied
PHOTOS BY ARTIST

图 4-1　概念书籍

的材质与形态固然重要，但如果失去了基本的阅读功能，也就失去了书存在的意义，成为好看而不中用的摆设，同时也会失去市场。

二、形式的突破与创新

1. 新奇的创意，异化的形态

书籍装帧大胆的创意、新奇的构思往往能给人留下非常深刻的印象。书籍形态的异化，顾名思义，形则为造型，态即是神态。外形美和内在美的珠联璧合，才能产生形神兼备的艺术魅力。书籍的形态，固有观念不难想到书的外观：六面体盛纳知识的容器。造书者们从其功能到美感，构成至今为人们所熟识的书的形态。观念变革是书籍形态异化变革的先导，21世纪的书籍，设计家们已开始在承袭本民族或借鉴他国民族传统书籍艺术的同时，延展出具有崭新概念的书籍新形态来。主要是为了打破目前业内一些固化了的设计模式和八股式静止的设计理论观念，起到一定的积极作用。

有些书籍的形态超乎想象，这种概念书的特别之处在于它独特的外在形态与材质。如图4-2中的书，它的外形是绿色的网球，采用了与网球比较接近的材质制作而成，合拢后在离它一定距离的位置观察就是一个网球的形态，人们看不出是一本书，打开它才发现，球形围住的书页像薯片一样整齐地排列在中间，显得生动而有趣，从而带给在阅读中的读者一种不同寻常的视觉与心理感受。

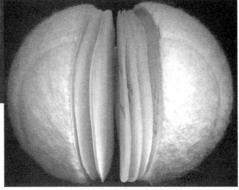

图 4-2

2. 耳目一新的展示与阅读方式

概念书籍的展示与阅读方式也是独具匠心的，孙茂华的概念书籍设计作品，呈现了前所未有的书籍形态。在书籍的两端有两个滚轮一样的支架，读者需要手摇小转柄来进行阅读，书籍的版面类似于胶片的效果，具有一种特别的趣味性，同时其耳目一新的展示效果也使其具有一定的收藏价值（图4-3）。

图 4-3　概念书籍　孙茂华设计

图 4-4　《真水无香》概念书籍

3. 实用与阅读的合二为一

概念书籍的载体已经不局限于纸张之上，应莉娅、马宝霞的作品《真水无香》采用了新奇的书籍形态，以一次性纸杯为载体，每一个纸杯就是书籍的一张页面，读者可以边饮水边阅读，饮过、读过可以把水杯丢掉。在当今快节奏的社会生活中，这类书籍以一种类似于报纸的快餐化的方式出现，忽略了书籍保存的价值，将实用功能与阅读功能合二为一，使其自然地融入生活之中（图 4-4）。

三、概念书籍的探索与表现

概念书设计是书籍设计中的一种探索性行为，从表现形式、材料工艺上进行前所未有的尝试，并且在人们对书籍艺术的审美和对书籍的阅读习惯以及接受程度上寻求未来书籍的设计方向。它的意义就在于扩大大众接受信息模式的范围，提供人们接受知识、信息的多元化方法，更好地表现作者的思想内涵，它是设计师传达信息的最新载体。

概念书设计的进行建立在探索性、未来性、实验性基础上，注重前瞻性与观念性的思考与创造，在书籍设计的概念之上，探索设计的创新性表现以及形态与神态的完美关系、阅读行为与设计技巧的关系、书籍设计与艺术观念表达的关系。设计的思想和行为应当指向未来。

我们要试着把自己放进书籍的每一个角落，寻找自己的方式去创造。让灵感释放，创造出形意完美融合的新形态的书籍（图4-5至图4-16）。

图 4-5

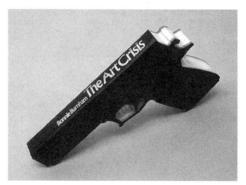

图 4-6

图 4-7

图 4-8

图 4-9

图 4-10

图 4-11

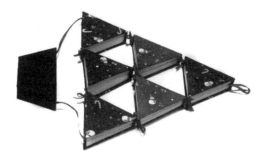

图 4-12

图 4-13

图 4-14

图 4-15

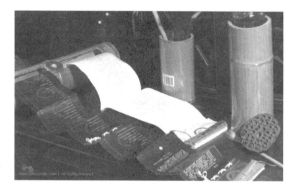

图 4-16

第五章　中外优秀书籍装帧设计赏析

实训目的：通过实际案例的欣赏与分析，掌握优秀的书籍装帧设计的手法，拓宽视野，提高设计的思维创新能力。

实训内容：欣赏优秀书籍装帧设计案例。

实训课时：4课时。

实训作业：对成功案例进行分析，简述其创意手法的成功之处。

一、《马克思手稿影真》（吕敬人）

在《马克思手稿影真》一书的设计中，吕敬人通过纸张、木板、牛皮、金属以及印刷雕刻等工艺演绎出一本全新的书籍形态。尤其在封面不同质感的木板和皮带上雕出细腻的文字和图像，更是心裁别出，趣味盎然（图5-1）。

图 5-1

二、《雅琴棋书画》

此书的封面设计十分有深度，环环相扣，处处传达着设计者的用心良苦。封面中的图形、文字、色彩无不在点出"琴棋书画"四个字（图 5-2）。首先，整个封面图案上以几个古代学者为主，图案又被五根"琴弦"分割着，点出了"琴"字。其次，封面的"琴棋书画"四字以圆黑背景点缀，就像围棋中的黑子一样，点出了"棋"。最后，再者，封面中的"雅"字以中国古典的书法写出，点出了"书"。而一开始说的图案，看起来其实则是一幅"画"，"画"的点出不言而喻。其中文字以中国书法和英文相结合，则是一个古典和现代的结合，色彩上采用的是现代感十足的蓝色，古今结合更是完美。

图 5-2

三、《梅兰芳全传》

《梅兰芳全传》封面设计上为梅兰芳的表演剧照（图 5-3），直接反映了书籍的内容，标题字体为书法体，具有强烈的艺术感染力和鲜明的民族特色以及独到的个性。

另外这本书最具特色的地方就是书口部分做了精心的设计（图 5-4），在翻阅时从前向后翻是梅兰芳的生活照，而从后向前翻是梅兰芳的艺术造型，没有华丽的外表，亦无张扬的色彩。古朴雅致，通体素然，是书籍《梅兰芳》装帧设计的总体特征。

图 5-3

图 5-4

四、《小红人的故事》

小红人的故事叙述了作者几年来乡土民间文化采风、考察所获得的深切感受以及作者创作的充满灵性的剪纸小红人的故事。《小红人的故事》设计采用一抹红色，浑身上下，从函套至书芯、从纸质到装订样式、从文字的选择到版式排列，以及封面上的剪纸小红人，无不浸染着传统民间文化丰富的色彩（图5-5、图5-6）。

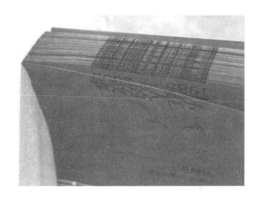

图 5-5

图 5-6

五、《梅兰芳（藏）戏曲史料图画集》：2004 年度"世界最佳图书"（唯一）金奖

整套书外壳是深色调的中国传统盒装，外壳烫金，字体用凹版印刷，书籍分两册采用中国传统线装方式，封面是特种纸，封内采用较为淡黄的120克的特种纸，蝴蝶装订，打开方式是自右向左，文字和图编排层次分明，空间处理适合得当，从全书的排版装订到外包装设计等细节中都可以体会到设计者的匠心。整体设计也非常注重设计语言的民族性和文化感的结合，整个书籍中有创新，虽是传统样式却充溢着现代

技术美感，古雅大方，令人赏目（图 5-7 至图 5-9）。

　　莱比锡图书艺术基金会主席乌塔·施耐特女士对这本书的评价是"完美"二字。
她说，"梅"书几乎把所有的图书装帧方式都用尽了。

图 5-7

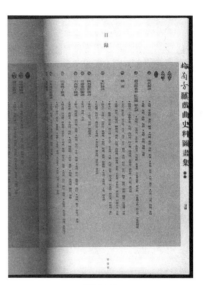

图 5-8

图 5-9

六、《不裁》: 2007 年度 "世界最美的书" 铜奖

　　该书设计上采用毛边纸，边缘保留纸的原始质感，没有裁切过。封面上特别采用缝纫机缝纫的效果，两条细细的平行红线穿过封面，书脊和封底连成一体（图 5-10、图 5-11）。在书的前环衬设计了一张书签，可随手撕开作裁纸刀用（图 5-12）。毛边书留白多，看起来版式宽松，让读者有阅读呼吸的空间，还可以在边上空白处写笔记。这样一本需要读者边裁边看的书，让阅读过程中有延迟、有期待、有节奏、有小憩，读到最后，手中便是一本朴雅的毛边书。

图 5-10

图 5-11

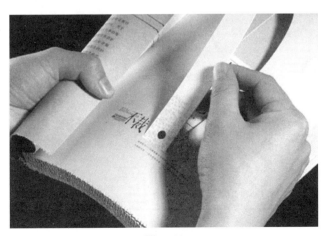

图 5-12

七、《蚁呓》：2008 年度"世界最美的书"特别制作奖

　　《蚁呓》是一本图文并茂且充满探索精神的实验性图书。作者朱赢椿绘制的大量插图新颖别致，合著此书的作者周宗伟所配写的文字简练而富有哲理。

　　此书图片选取和设计新颖别致，时而大量留白，时而满纸铺墨，令人耳目一新，又让人沉醉回味（图 5-13）。所配写的文字简练隽永，字字珠玑，趣致可爱；加上中英文对照，给人时尚清新的感觉，让人爱不释手。

　　"世界最美的书"评委会对《蚁呓》获奖的评语：这本双语书（中英文）以高雅的美取胜，它体现了高超的设计水准和极少的设计介入。

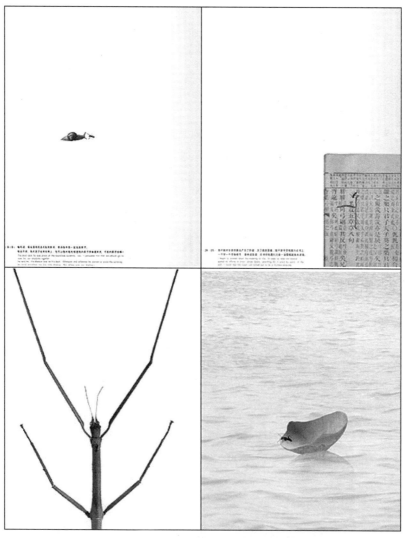

图 5-13

八、《中国记忆——五千年文明瑰宝》：2009 年度"世界最美的书" 全场大奖

这是一本精装书，首先是一个外壳，木质的外壳起到了很好的保护作用，外壳的设计也很符合这本书，一个中国结的造型很有古典气息，文字再配以中国特有的中国红，更呼应了主题，上面有玉制配饰、祥云、蝙蝠造型（图 5-14）。书以白色为主要颜色，红色的字体也使用了书法体，更显中国底蕴，底色中还隐约看到中国的特色，有兵马俑、陶瓷盘等（图 5-15）。此书的设计很有中国特色，不失为一本拥有好的书籍装帧设计的精装书。

图 5-14

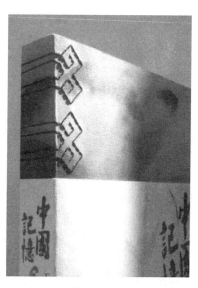

图 5-15

九、《骨子里的中国情结》（王受之）

《骨子里的中国情结》一书的封面设计很简单，白色底搭配红色的标题文字，几根简单的线条勾勒出中式民居门的线条，可恰恰是这几根简单而又与主题相得益彰的线条准确传递了该书所表达的主要内容，将中式民居的神韵也恰到好处地传递出来（图 5-16）。从版式上来看，简洁而不空洞的意蕴也体现得十分到位。标题文字的大小及字体变化让整个设计有了韵律感，左侧竖线排列的出版社名称又打破了整个设计四平八稳的感觉，让版面上有了横线和竖线的对比，很好地体现了设计者对细节的把握。

图 5-16

十、《黑与白》（吕敬人）

该书是一位澳大利亚混种土著人的自传，里面以坦诚感人的笔调记录下作者在寻根途中，逐渐揭发出来的澳大利亚的另一段历史，一段过去白种澳大利亚人避而不谈的历史。吕敬人对于该书所作的设计很好地表现了该书内容的主题。他以黑白两色作为整个封面的主色调，封面上模糊的黑白两字表现了该书内容中所提及的辛酸经历，袋鼠在黑白两色上的图底反转让人一目了然地得知这是本讲述澳大利亚国度的书籍。其书脊设计也以同样的色调和主题表现了该书的内涵。该书脊设计色调同样为一半黑一半白，与封面设计相呼应，书名采用了笔画较粗的黑体，同样在两个底色上进行了图底反转，加上了字体错位的细节处理使得书脊上字体的设计更有韵味。书脊上一只袋鼠跳跃的延续起到了很好的整体统一作用。所有这些都是设计者对该书内容深刻理解的一种体现，使得这本书不仅有了耐人寻味的历史内容，也有了如黑白搭配一般经典的设计味道（图 5-17）。

图 5-17

十一、《艺术设计》(刘小康)

设计者以作品"椅子"贯穿于整本作品集(图 5-18 至图 5-20)。将图像与文字融入统一的设计统筹之中,即使纵有千种万种的元素,对设计章法的准确掌控也会引导读者进入意境,读者能感受到一种气的流动。"得法不如得意,得意不如得气。"好的书籍设计的高妙之处正在于此。这是一本设计信息量丰富、妙趣横生的书籍。

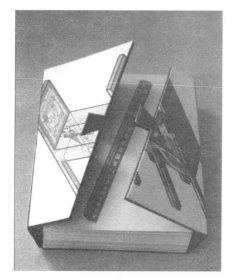

图 5-18

图 5-19

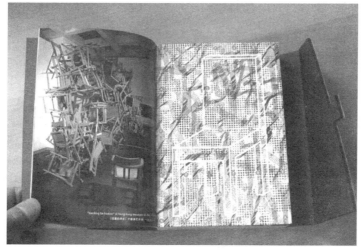

图 5-20

十二、《香港》(宁成春)

设计者们稳重高雅的设计格调创立了为知识层和学子们所钟爱的三联书店装帧风格。

书籍是商品,但是一种文化商品。书籍设计不仅要诱导读者购买的欲望,更重要的是感染读者审美的意识和享受读书的美感。因为阅读作为人们接受知识的普遍的文化现象,也是人们精神活动的一个重要方面,"装帧艺术是书籍的美学灵魂"(臧克家语),宁成春的书籍设计为读者创造了感知书籍之美的愉悦过程(图5-21、图5-22)。

图 5-21

图 5-22

十三、《台历书》(宋协伟)

这本书无疑是具有丰富创想力的设计。谁能想到把海绵作为书籍的材料,它传达出一种海纳百川的求知求索的意味(图5-23、图5-24)。

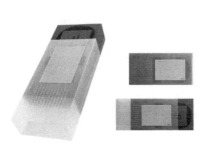
图 5-23

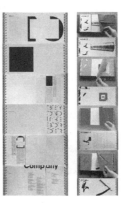
图 5-24

书的主题是数十位设计家和学生们的作品对话。纸张的封合装订法使读者需层层剥开，读者与书籍之间产生了动感交流的行为。读者在阅读的过程中同时也在创造读者自己。

十四、《裘沙新诠详注文化编至论》（韩济平）

设计者打破书籍切口的直角面，而是以独特的 45°角切口形态令读者为之一惊（图 5-25）。

全书以黑色为色彩基调，为文人墨客儒雅淡泊的精神体现（图 5-26），正文排列注意引导阅读的重点，大小文字的有机排列传达了一种抑扬顿挫具有韵律音感的内容（图 5-27）。

图 5-25

图 5-26

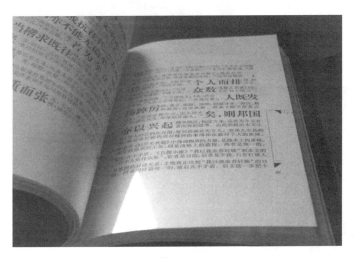

图 5-27

十五、《黄河十四走》(黄永松)

　　这本书是汉声杂志众多优秀读物中的一册。作者深入名山大川、穷乡僻壤，寻觅民间文化精髓，导演编织出一本又一本脍炙人口的书籍来。全书贯穿信息传达的书籍设计理念和书籍形态的用心把握，经过精心的编辑设计，书中的图文信息像溪水般潺潺流入读者的心里（图5-28至图5-30）。设计者娴熟的书籍设计功力，在于"故书也者，心学也"。

图 5-28

图 5-29

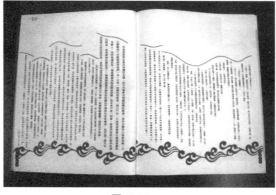

图 5-30

十六、《怀珠雅集》（敬人书籍设计）

这是一套五位画家藏书票的作品集，设计时编集了大量有关名家对读书的只言片语，衬托并提升了本书主题的内涵，增加了书的信息量和附加值。书的形态采用便宜的宣纸和瓦楞纸，用麻绳组合成套装，沿袭传统但不照搬，营造书籍艺术的古雅文化氛围（图 5-31 至图 5-33）。

图 5-31

图 5-32

图 5-33

十七、其他作品

1. 国内篇

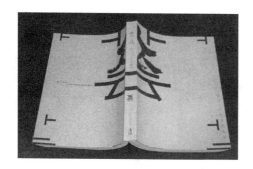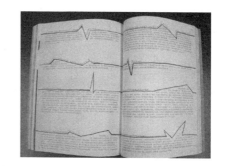

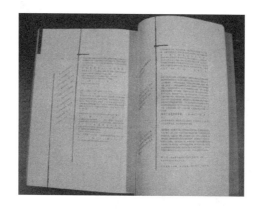

《艺众》 安尚秀、中央美院第十工作室

《用镜头亲吻西藏》 吴勇

《金中都遗珍》 吴勇

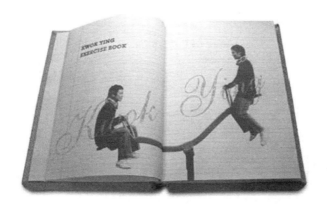

香港 ADO Design 作品

2. 国外篇

Fallen　2013　在排版上展现整本书的主题

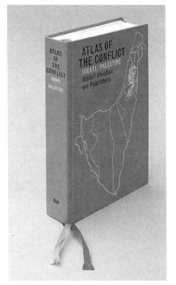
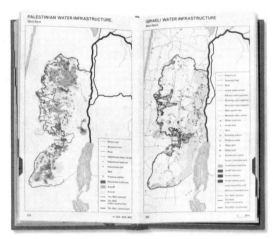

Atlas of the conflict　2011

Geohistoria de la Sensibilidad en Venezuela　2008
以丰富的史料和图片描绘了恢弘壮丽的委内瑞拉大地

Eat London 2　2012

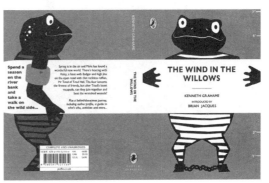

雷蒙德·钱德勒的《夜长梦多》　2013 年企鹅封面设计大赛冠军

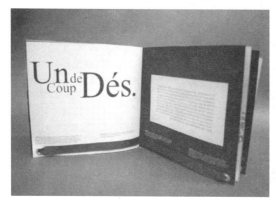

安迪·赫夫的画册设计

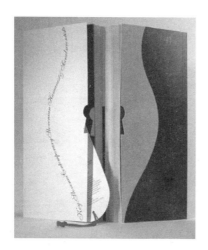
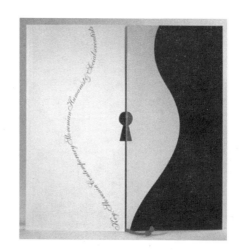

斯洛文尼亚 Tomato Kosir 的书籍设计

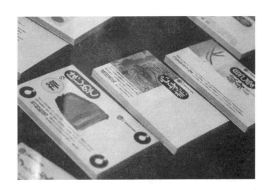

杉浦康平作品

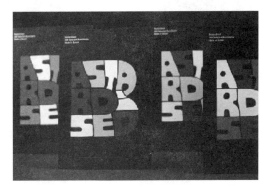

设计师 Bunch 的书籍设计

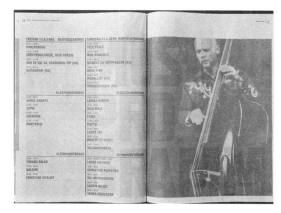

瑞士 Andreas Hidber 的书籍设计

捷克 Katerina 的书籍设计

参考文献

[1] 李冰，吴晓慧. 书籍装帧设计[M]. 北京：清华大学出版社，2011.

[2] 胡巍，史亚丽，等. 书籍装帧[M]. 上海：东方出版中心，2011.

[3] 焦成根. 书籍装帧与版式设计[M]. 长沙：湖南美术出版社，2003.

[4] 邱承德，邱世红. 书籍装帧设计[M]. 北京：印刷工业出版社，2007.

[5] 丁剑超，王剑白. 书籍设计[M]. 北京：中国水利水电出版社，2006.

[6] 柴方松，邵德瑞. 书籍装帧设计[M]. 合肥：合肥工业大学出版社，2004.

[7] 余秉楠. 书籍设计[M]. 武汉：湖北美术出版社，2001.

[8] 余秉楠. 字体设计[M]. 武汉：湖北美术出版社，2001.

[9] 王蒲，郭一栋，曹庆梅. 版式设计[M]. 北京：科学技术文献出版社，2012.

[10] 柳林，赵全宜，明兰. 书籍装帧设计[M]. 北京：北京大学出版社，2010.

[11] [英]福塞特-唐. 装帧设计：书籍·宣传册·目录[M]. 黄蔚，译. 北京：中国纺织出版社，2004.